Sebastian Höfener

Entwicklung und Anwendung explizit korrelierter Wellenfunktionsmodelle

Entwicklung und Anwendung explizit korrelierter Wellenfunktionsmodelle

von
Sebastian Höfener

Dissertation, Karlsruher Institut für Technologie
Fakultät für Chemie und Biowissenschaften,
Tag der mündlichen Prüfung: 20.04.2010
Referent: Prof. Dr. W. Klopper
Korreferent: Priv.-Doz. Dr. F. Weigend

Impressum

Karlsruher Institut für Technologie (KIT)
KIT Scientific Publishing
Straße am Forum 2
D-76131 Karlsruhe
www.uvka.de

KIT – Universität des Landes Baden-Württemberg und nationales
Forschungszentrum in der Helmholtz-Gemeinschaft

KIT Scientific Publishing 2010
Print on Demand

ISBN 978-3-86644-516-1

Danksagung

Ich möchte an erster Stelle meinem Betreuer Wim Klopper dafür danken, dass er mich stets unterstützt und gefördert hat und mir ein so spannendes Thema anvertraute. Ich danke ihm für die große Freiheit, das stete Vertrauen und die wertvollen Ratschläge.

Florian Weigend danke ich für die Übernahme des Korreferats.

Mein ganz besonderer Dank gilt auch Christof Hättig, der mir mit vielen hilfreichen Ratschlägen zur Seite stand, insbesondere für Hinweise auf „versteckte" Common-Blöcke in den Integralroutinen von Turbomole.

David Tew danke ich für die vielen Diskussionen, insbesondere über F12- und Coupled-Cluster-Methoden. Prof. Trygve Helgaker möchte ich für die schönen drei Monate in Oslo danken, die ich im Frühjahr 2008 dort verbringe durfte.

Mein Dank gilt auch allen heutigen und ehemaligen Kollegen und Mitarbeitern der Karlsruher Theoretischen Chemie für die gute Atmosphäre und stete Hilfsbereitschaft. Für die kritische Durchsicht des Manuskripts danke ich Robert Barthel, Angela Bihlmeier, Florian Bischoff und Robert Send.

Zu großem Dank für die finanzielle Unterstützung bin ich der Deutschen Telekom Stiftung verpflichtet, die mich im Rahmen ihres Stipendiaten-Programms gefördert und mir dadurch viele Möglichkeiten eröffnet hat. Darüber hinaus danke ich dem Karlsruhe House of Young Scientists (KHYS) für die finanzielle Unterstützung meines Aufenthaltes bei Prof. Helgaker in Norwegen, sowie dem Schwerpunktprogramm (SPP) 1145 der Deutschen Forschungsgemeinschaft (DFG).

Besonders herzlich danke ich meinem guten Freund und langjährigen Bürokollegen Florian Bischoff für die seit Studienzeiten unersetzbaren, gemeinsam verbrachten Stunden der Arbeit und Freizeit.

Insbesondere danke ich meiner Familie, die mich von Anfang an unterstützt und ermutigt hat. Ohne euch wäre diese Arbeit nicht möglich gewesen. Danke!

Inhaltsverzeichnis

Verwendete Symbole und Abkürzungen

HF	Hartree-Fock
MO	Molekülorbital
AO	Atomorbital
MP2	zweite Ordnung Møller-Plesset-Störungstheorie
CC	Coupled-Cluster
$\mathbf{M}$	Matrix
M_{pq}	Matrixelement
$\vec{v}$	Vektor
$\hat{O}$	Operator
Ψ	exakte elektronische Wellenfunktion des Grundzustandes
i, j, k, l, m, n, o	aktive besetzte MOs
$I^\star, J^\star, \ldots$	eingefrorene besetzte MOs
$I, J, \ldots$	besetzte MOs
a, b, c, d, e, f	unbesetzte (virtuelle) MOs
p, q, r, s, t, u, v, w	ganze MO-Basis
$\breve{\imath}, \breve{a}, \ldots$	[T+V]-transformierte Orbitale
p'', q''	CABS
p', q'	MO-Basis plus CABS
p''', q'''	MO-Virtuelle plus CABS
$SD, \lvert SD \rangle$	Slater-Determinante
$\left\lvert {ab\ldots \atop ij\ldots} \right\rangle$	angeregte Slater-Determinante
$\phi, \lvert \phi \rangle$	1-Teilchen-Wellenfunktion (Spinorbital, Orbital)
$\lvert p_\sigma q_{\sigma'} \rangle$	Hartree-Produkt zweier Molekülorbitale mit Spin

$\lvert \mu\nu\rangle$	Hartree-Produkt zweier Atomorbitale
$\mu, \nu, \kappa, \lambda$	Basisfunktionen (AO-Basis)
$C_{p\mu}$	MO-Koeffizienten
$C_{p\mu}^{[T+V]} = C_{\tilde{p}\mu}$	[T+V]-transformierte MO-Koeffizienten
$\lvert P)$	Auxiliarbasis
$X_{\mu\nu}$	Matrix in kovarianter AO-Basis
$X_{\mu\nu}^{\mathrm{ao}}$	Matrix in kontravarianter AO-Basis
$\hat{H}$	Hamilton-Operator
$\hat{T}$	Operator der kinetischen Energie
$\hat{V}_{\mathrm{ne}}$	Operator der Kern-Elektron-Wechselwirkung
$\hat{h} = \hat{T} + \hat{V}_{\mathrm{ne}}$	1-Teilchen-Hamilton-Operator
[T+V]	Symbolische Notation für Matrixdarstellung von $\hat{T} + \hat{V}_{\mathrm{ne}}$
$\hat{J}$	Coulomb-Operator
$\hat{K}$	Austausch-Operator
$\hat{F}$	Fock-Operator
$\hat{\Phi}$	Fluktuationspotential
$\hat{F}_1$	1-Teilchen-Fock-Operator
F_{pq}	Matrixelement des Fock-Operators
$\hat{T}_1$	1-Teilchen-Operator der kin. Energie
ϵ_i	Orbitalenergie
g_{12}	$= \frac{1}{r_{12}}$
$F_n(x)$	Boys-Funktion
$\hat{T}$	CC-Operator
$\hat{T}_1$	CC-Operator für Einfach-Anregungen
$\hat{\tau}_1$	Anregungsoperator für Einfach-Anregungen
$\mathcal{H}$	Hylleraas-Funktional
$\hat{Q}_{12}$	Projektionsoperator
$\hat{O}_1$	Projektionsoperator der besetzten Orbitale
$\hat{V}_1$	Projektionsoperator der unbesetzten Orbitale
$\hat{Q}_{12}f_{12}\lvert\phi_{\mathbf{k}}\phi_{\mathbf{l}}\rangle$	Geminal

1. Einleitung

In den letzten 50 Jahren haben die numerischen Methoden der Quantenchemie einen Status erreicht, der als quantitative Quantenchemie bezeichnet werden kann – experimentelle Ergebnisse können zuverlässig vorhergesagt, bestätigt oder angefochten werden [1].

Wichtige Bestandteile der quantitativen Methoden stellen die Coupled-Cluster-Methoden (CC-Methoden) und die korrelationskonsistenten (engl.: *correlation consistent*) cc-pVXZ-Basissätze von Dunning *et al.* [2, 3] dar. Obwohl die CC-Methoden sehr erfolgreich sind, leiden sie unter der notorisch langsamen Basissatzkonvergenz mit $\propto X^{-3}$ bezüglich der Kardinalzahl $X = 2, 3, 4, \ldots$ zum Basissatzlimit $X = \infty$ (für die Elemente bis Ar). Diese langsame Konvergenz kann darauf zurückgeführt werden, dass die konventionelle Wellenfunktion das Coulomb-Loch um den Punkt der Elektronenkoaleszenz (Cusp) unzureichend beschreibt. Da die exakte Wellenfunktion Ψ in erster Ordnung linear in dem interelektronischen Abstand r_{12} ist [4]

$$\Psi(r_{12} \approx 0) = \Psi(r_{12} = 0) + c \cdot r_{12} \cdot \Psi(r_{12} = 0) + \mathcal{O}(r_{12}^2), \tag{1.1}$$

kann die Basissatzkonvergenz durch Basisfunktionen beschleunigt werden, die explizit vom interelektronischen Abstand abhängen. Dies wurde sehr bald nach Einführung der Quantenchemie im Jahr 1929 von Hylleraas durchgeführt und weitere Ansätze folgten. Allen diesen Theorien gemeinsam ist jedoch, dass sie aufgrund der Berechnung vieler Mehrelektronen-Integrale nur auf Systeme mit wenigen Elektronen angewendet werden können.

Frühe R12-Theorie

1985 wurde von Kutzelnigg vorgeschlagen, die konventionelle Entwicklung von Mehrelektronenwellenfunktionen mit zusätzlichen Termen der Art $r_{12}\phi_i(1)\phi_j(2)$ zu ergänzen [5], wobei ϕ_i und ϕ_j besetzte Hartree-Fock-Orbitale sind. Gleichzeitig schlug er vor, die dadurch resultierenden komplizierten Integrale durch eine intrinsische

Vollständigkeitsrelation (engl.: *resolution of the identity*, RI) aufzulösen, so dass letztendlich nur 2-Elektronen-Integrale berechnet werden müssen. Für molekulare Mehrteilchensysteme wurde ein entsprechender Ansatz zuerst für MP2 implementiert und als MP2-R12 bezeichnet [6]. Ähnliche Implementierungen für Konfigurationswechselwirkung, die Coupled-Electron-Pair-Näherung [7] und CC-Methoden (CC-R12) folgten bald [8, 9]. Die Methoden stellten sich aufgrund der drastisch beschleunigten Konvergenz zum Basissatzlimit als sehr erfolgreich heraus. Durch die verbesserte Beschreibung des elektronischen Cusp bei R12-Wellenfunktionen wird für konventionelle korrelationskonsistente Basissätze der Basissatzfehler (von $\propto X^{-3}$) auf $\propto X^{-7}$ gesenkt [10]. Es erfolgt jedoch keine methodische Verbesserung, sondern die erhaltenen Energien (bzw. Eigenschaften) liegen ausschließlich näher am exakten Ergebnis für eine vollständige Basis bei $X = \infty$.

Bis 2002 wurden für explizit korrelierte Methoden der lineare Korrelationsfaktor r_{12} und ein einfacher Satz Atomorbitale verwendet. Da diese Basis sowohl für die Hartree-Fock-Orbitale als auch das intrinsische RI (die Standardnäherung) verwendet wurde, mussten große Basissätze eingesetzt werden. In dieser Zeit konnten hochgenaue Korrelationsenergien für kleinere Moleküle berechnet werden, welche als Benchmark-Ergebnisse dienten [11–13].

Die Anwendung der R12-Methoden erfolgte hauptsächlich, um Energien nahe am Basissatzlimit im Rahmen von MP2 und Coupled-Cluster-Methoden zu berechnen. Darüber hinaus wurden mithilfe numerischer Differentiation statische elektrische Eigenschaften wie Dipolmomente, Polarisierbarkeiten sowie erste und zweite Hyperpolarisierbarkeiten – beispielsweise für He [14], Be [15] oder LiH [16] – berechnet. Weitere Beispiele beinhalten die Dipolmomente von BH und HF [17] sowie die relativistischen 2-Elektronen-Darwin-Energien von Ne und HF [18]. Auch konnten Geometrieoptimierungen (mit reduzierten Freiheitsgraden) des (protonierten) Wasserdimers [19, 20] durchgeführt werden. Vor kurzem wurden (ebenfalls numerisch) die Basissatzlimits der Gleichgewichtsgeometrien [21] von einer Reihe abgeschlossen- und offenschaliger Moleküle sowie einer Reihe von harmonischen Schwingungsfrequenzen [22] berechnet.

Neben der numerischen Berechnung von molekularen Eigenschaften wurden von Kordel *et al.* zunächst Eigenschaften erster Ordnung analytisch für MP2-R12 hergeleitet und in das Programm DALTON [23] implementiert [24]. Später folgte die Erweiterung des Programms auf die analytische Berechnung von Kerngradienten [25]. Obwohl für die Berechnung der Eigenschaften noch eine Hilfsbasis für die Standardnäherung verwendet wurde, schränkten sich die Autoren bei der Berechnung der Kerngradienten auf eine Atomorbitalbasis ein, so dass – wie bereits erwähnt – nur kleine Systeme untersucht werden konnten. Dennoch lässt sich deutlich das Potential für die analytische Berechnung von Eigenschaften großer Moleküle erkennen.

Moderne F12-Theorie

Die Einführung von Hilfsbasissätzen (engl.: *auxiliary basis set*, ABS) im Jahr 2002 [10] für das intrinsische RI hat den R12-Ansatz revolutioniert, da nun kleine Basissätze für die Hartree-Fock-Orbitale genügen. Zu ebenfalls sehr wichtigen Weiterentwicklungen zählen die Verwendung einer speziellen Wahl der Hilfsbasis (CABS) [26], Density-Fitting (DF) Techniken [27] für die verbleibenden 2-Elektronen-Integrale der R12-Theorie, die Einführung der Kommutatornäherung [28], die Amplituden entsprechend der Cusp-Bedingung konstant zu wählen [29], das gezielte Herausprojizieren der Hartree-Fock-Orbitale (Ansatz 2) [26, 30] sowie der Übergang vom linearen Korrelationsfaktor r_{12} zu effizienteren Slater-Korrelationsfaktoren der Form $\exp(-\zeta r_{12})$ [31]. Weitere Aspekte und Details hierzu finden sich in einem Übersichtsartikel [32].

Mit den neuen Näherungen ist es möglich, große Moleküle bis hin zu Pyrazin [33], Leflonumid (siehe Kap. 5) oder Cholesterin [34] mit explizit korrelierten Wellenfunktionen zu untersuchen. Dies gilt sowohl für MP2 als auch für Coupled-Cluster-Methoden [35–49]. Die häufig anstelle von MP2-R12 verwendete Abkürzung MP2-F12 soll den veränderten Charakter der Theorie hervorheben. Neben Benchmark-Rechnungen lassen sich auch Rechnungen an größeren Molekülen durchführen, für die aufgrund von benötigtem Speicherbedarf oder Rechenleistung nur kleine Hartree-Fock-Basissätze verwendet werden können. Typisch hierfür sind Coupled-Cluster-Rechnungen in kleinen double-ζ-Basissätzen, welche durch F12 ca. quadruple-ζ-Qualität aufweisen [35, 50], wohingegen Coupled-Cluster-Ergebnisse ohne explizite Korrelation in einer double-ζ-Basis zu große Fehler enthalten und nicht verwendet werden können [51]. Durch diese weit gefächerten Einsatzmöglichkeiten findet der F12-Ansatz breite Anwendung [34, 52–57]. Unter anderem wurden mit dem F12-Ansatz bereits Gleichgewichtsgeometrien sowie harmonische Schwingungsfrequenzen numerisch bestimmt [55, 58–60].

Zielsetzung

Basierend auf den Ergebnissen analytischer Berechnungen mithilfe der frühen MP2-R12-Methode und numerischen Ergebnissen aktueller MP2-F12-Methoden zeigt sich die Bedeutung der Berechnung molekularer Eigenschaften mit explizit korrelierten Methoden. Ziel dieser Arbeit ist die Herleitung, Implementierung und Anwendung der Kerngradienten für die RI-MP2-F12-Methode unter Einbeziehung der oben erwähnten wichtigen Weiterentwicklungen in das Programmpaket TURBOMOLE [61, 62], um so erstmals hochgenaue Strukturoptimierungen an mittelgroßen Molekülen, insbesondere Dimeren, durchführen zu können. Als „Nebenprodukt" sind damit sowohl hochgenaue Energien als auch Erwartungswerte, z.B. Dipolmomente, zugänglich. Es werden Anwendungen gezeigt, bei denen hochgenaue RI-MP2-F12-Energien verwendet werden, um Basissatzlimits von Coupled-Cluster-Ergebnissen abzuschätzen, so dass chemische Genauigkeit erreicht wird und experimentelle Beobachtungen verstanden werden können.

Hierzu werden in Kap. 2 die notwendigen Grundlagen für die Energieberechnung im Rahmen der Methode RI-MP2-F12 vorgestellt. In Kap. 3 erfolgt eine Untersuchung zur Wahl der Basis der explizit korrelierten Zweifachanregungen (Geminalbasis). Die Herleitung der analytischen Gradienten wird in Kap. 4 angegeben und deren Implementierung beschrieben (Kap. 5). Gegenstand von Kap. 6 ist die Bewertung der neuen Methode. Abschließend erfolgen Anwendungen (Kap. 7).

2. Explizit korrelierte Störungstheorie

Dieses Kapitel enthält die Herleitung des Energieausdrucks für explizit korrelierte Møller-Plesset-Störungstheorie zweiter Ordnung (MP2-F12) sowie einer störungstheoretischen Korrektur der Hartree-Fock-Energie (CABS-Singles) mittels zweiter Quantisierung. Die Darstellung beschränkt sich dabei auf die im Rahmen dieser Arbeit wichtigen Beziehungen. Zunächst wird ein kurzer Überblick über die zweite Quantisierung gegeben und diese auf eine störungstheoretische Behandlung der Schrödinger-Gleichung angewendet. Danach wird skizziert, wie die Energiekorrektur für explizit korrelierte Störungstheorie ($E_{\Delta F12}$) und CABS-Singles ($E_{\Delta s}$) hergeleitet werden kann. Im letzten Abschnitt wird auf die Berechnung der notwendigen Integrale mithilfe des Obara-Saika-Schemas eingegangen.

2.1 Zweite Quantisierung

In Schrödingers Formulierung der Quantenmechanik (Wellenmechanik) werden Observablen durch Operatoren und Zustände von N Teilchen durch N-Teilchen-Wellenfunktionen beschrieben. Da durch die Randbedingungen der Quantenmechanik, wie etwa die Stetigkeit der Wellenfunktion und deren Ableitung, nur bestimmte Lösungen der Schrödinger-Gleichung physikalisch relevant sind, wird dies auch als (erste) Quantisierung bezeichnet.

Im Rahmen der zweiten Quantisierung oder Quantenfeldtheorie werden Teilchen als elementare Anregungen des Vakuums verstanden, welche sich mathematisch durch sogenannte Erzeugungs- und Vernichtungsoperatoren beschreiben lassen. Eingeführt wurde dies 1927 von Dirac für die Bose-Statistik ohne Wechselwirkung [63] und bald erweitert auf Bose-Statistik mit Wechselwirkung [64, 65] und Fermi-Statistik [66, 67]. Vladimir Fock verwendete sie 1932, um seine berühmten Gleichungen (speziell den Austausch) herzuleiten [68]. Durch diesen Ansatz wird die Wellenfunktion durch einen abstrakten Fock-Zustand ersetzt, der auch als Besetzungszahlvektor (engl.: *occupation number vector*) bezeichnet wird. Bei dem Fock-

Zustand handelt es sich um einen Vektor im Fock-Raum [68]; dieser Raum beschreibt die abstrakte Menge aller Teilchen-Erzeugungen. Entscheidend ist, dass jeder (N-Teilchen-) Fock-Zustand durch eine Abfolge von 1-Teilchen-Erzeugungen, also die schrittweise Anregung des Vakuums beschrieben wird. Mathematisch stellen die 1-Teilchen-Zustände somit die Basis für alle N-Teilchen-Zustände dar. In der Quantenchemie repräsentieren 1-Elektronen-Wellenfunktionen (die sogenannten Orbitale) die 1-Teilchen-Zustände.

Formal wird die zweite Quantisierung zur ersten Quantisierung äquivalent, wenn die 1-Teilchen-Basis vollständig, d.h. unendlich groß gewählt wird. Ist die Basis unvollständig, entstehen Artefakte: Beispielsweise vertauschen die Matrixdarstellungen kommutierender Operatoren nicht mehr. Dies beeinträchtigt aber nicht die physikalische Interpretierbarkeit der Theorie als solche. Vielmehr stehen die Vorteile dieser Betrachtungsweise im Vordergrund, da diese im Gegensatz zur ersten Quantisierung Systeme mit variabler Teilchenzahl direkt beschreibt.

2.1.1 Mathematischer Formalismus

Die Erzeugungsoperatoren $a_{i_\sigma}^\dagger$ beschreiben mathematisch die 1-Teilchen-Anregungen des Vakuums $|\mathrm{vac}\rangle$ zum Zustand $|i_\sigma\rangle$:

$$a_{i_\sigma}^\dagger |\mathrm{vac}\rangle = |i_\sigma\rangle. \tag{2.1}$$

Im Rahmen der vorliegenden Arbeit soll der lateinische Buchstabe (hier: i) ausschließlich die Ortskomponente repräsentieren, der griechische Buchstabe σ den Spin. Das Gegenstück zu den Erzeugern bilden die Vernichtungsoperatoren a_{i_σ}. Durch die Einführung von Erzeugern und Vernichtern werden die Eigenschaften der Wellenfunktion durch die resultierende Algebra formuliert. Ein Beispiel ist der Vorzeichenwechsel der Wellenfunktion unter Fermionenvertauschung, der unter anderem folgende Antikommutatorbeziehung bedingt:

$$a_{p_\sigma}^\dagger a_{q_{\sigma'}} + a_{q_{\sigma'}} a_{p_\sigma}^\dagger = \delta_{pq}\delta_{\sigma\sigma'}. \tag{2.2}$$

Dabei ist es unerheblich, auf welchen Gesamtzustand (Zahl der Elektronen) diese Operatoren wirken. Dies ist auch bei Anregungen von Vorteil. So beschreibt die Abfolge der zwei Operatoren

$$a_{p_\sigma}^\dagger a_{q_{\sigma'}} \tag{2.3}$$

universell die Vernichtung des 1-Teilchen-Zustands $|q_{\sigma'}\rangle$ und die Erzeugung des 1-Teilchen-Zustands $|p_\sigma\rangle$ – unabhängig von den übrigen vorhandenen 1-Teilchen-Zuständen. Bei der Betrachtung von Molekülen mit abgeschlossenen Schalen genügt die Verwendung spinfreier Operatoren, die sich durch Summation über die Spin-komponente ergeben:

$$E_q^p = a_{p_\alpha}^\dagger a_{q_\alpha} + a_{p_\beta}^\dagger a_{q_\beta}. \tag{2.4}$$

Für Zweifach-Anregungen erhält man den Ausdruck:

$$\hat{\tau}_{ij}^{ab} = E_i^a E_j^b. \tag{2.5}$$

Im Folgenden wird zunächst der abgeschlossenschalige Fall (Closed-Shell) herge-leitet, welcher dann auf den UHF-Formalismus erweitert wird. Die Herleitung der relaxierten Dichten für RI-MP2-F12 im Spinorbitalformalismus ist in Ref. [69] be-schrieben.

Der Übergang zur zweiten Quantisierung hat direkte Auswirkungen auf die Operatoren. Da 1-Teilchen-Zustände die Basis für Mehrteilchen-Zustände darstel-len, müssen Operatoren unabhängig von der Teilchenzahl im gesamten Fock-Raum wirken. So lautet der Hamilton-Operator nun

$$\hat{H} = \sum_{pq} \langle p|\hat{h}|q\rangle E_q^p + \frac{1}{2} \sum_{pqrs} (pq|g_{12}|rs)[E_q^p E_s^r - \delta_{qr} E_s^p], \tag{2.6}$$

mit den zu $\hat{h}$ zusammengefassten 1-Elektronen-Operatoren der kinetischen Energie der Elektronen $\hat{T}$ und der Elektron-Kern-Anziehung $\hat{V}_{\text{ne}}$ [51, 70, 71]. Im Rahmen dieser Arbeit sind die 2-Elektronen-Integrale, z.B.

$$(pq|g_{12}|rs) = \int \phi_p^*(\vec{r}_1)\phi_q(\vec{r}_1)\frac{1}{|\vec{r}_1 - \vec{r}_2|}\phi_r^*(\vec{r}_2)\phi_s(\vec{r}_2)\,\mathrm{d}\vec{r}_1\,\mathrm{d}\vec{r}_2, \tag{2.7}$$

nie antisymmetrisiert, sondern es handelt sich stets um einfache Produkte.

Bis hierhin wurde die Verwendung einer orthonormierten 1-Teilchen-Basis vor-ausgesetzt. Dies kann nicht allgemein angenommen werden, beispielsweise im Rah-men der Metrikänderung bei Gradienten (siehe Kap. 4). Es gilt anstelle von Gl. (2.2)

$$a_{p_\sigma}^\dagger a_{q_{\sigma'}} + a_{q_{\sigma'}} a_{p_\sigma}^\dagger = S_{pq}\delta_{\sigma\sigma'}, \tag{2.8}$$

wobei **S** die räumliche Überlappung der beiden 1-Teilchen-Zustände beschreibt. Zur Vereinfachung erfolgt eine Transformation in eine orthonormierte Hilfsbasis (OMO). Diese ist so gewählt, dass die transformierten Erzeuger und Vernichter die bereits eingeführten Kommutatorbeziehungen erfüllen, z.B.

$$\tilde{a}_{p_\sigma}^\dagger = \sum_{q_\sigma} a_{q_\sigma}^\dagger [\mathbf{S}^{-1/2}]_{p_\sigma q_\sigma}, \tag{2.9}$$

so dass sich Gl. (2.8) in der neuen Basis wieder auf Gl. (2.2) reduziert.

2.2 Das Hylleraas-Funktional

Den Ausgangspunkt für die nicht-relativistische, zeitunabhängige Quantenchemie stellt die Schrödinger-Gleichung

$$\hat{H}\,|\Psi\rangle \;=\; E_0\,|\Psi\rangle \tag{2.10}$$

mit dem Hamilton-Operator $\hat{H}$, der elektronischen Wellenfunktion für den Grundzustand Ψ und deren Energie-Eigenwert E_0 dar. Im Rahmen des störungstheoretischen Ansatzes wird der Hamilton-Operator in einen lösbaren Anteil sowie eine Störung zerlegt und eine Entwicklung von der Wellenfunktion und Energie bezüglich der Störung durchgeführt. λ zeigt im Folgenden die Ordnung der Störung an. Bricht man die Entwicklung der Energie nach der zweiten Ordnung ab, erhält man die Møller-Plesset-Störungstheorie in zweiter Ordnung (MP2) [72]:

$$\hat{H} \;=\; \hat{F} + \lambda\hat{\Phi}, \tag{2.11}$$

$$E_0 \;=\; E^{(0)} + \lambda E^{(1)} + \lambda^2 E^{(2)} + \mathcal{O}(\lambda^3), \tag{2.12}$$

$$|\Psi\rangle \;=\; |\mathrm{HF}\rangle + \lambda\,|\mathrm{MP1}\rangle + \mathcal{O}(\lambda^2), \tag{2.13}$$

$$|\mathrm{MP1}\rangle \;=\; \hat{T}_2\,|\mathrm{HF}\rangle = \sum_{\mu_2} t_{\mu_2}\hat{\tau}_{\mu_2}|\mathrm{HF}\rangle = \frac{1}{2}\sum_{ij\alpha\beta} t_{ij}^{\alpha\beta}\hat{\tau}_{ij}^{\alpha\beta}\,|\mathrm{HF}\rangle . \tag{2.14}$$

Bei $\hat{F}$ handelt es sich um den Fock-Operator, bei $\hat{\Phi}$ um das Fluktuationspotential; $t_{ij}^{\alpha\beta}$ stellen die Amplituden dar. Der Fock-Operator wird aufgrund der Zerlegung in Gl. (2.11) auch als „ungestörter" Hamilton-Operator oder Hamilton-Operator nullter Ordnung bezeichnet. Einfach-Anregungen verschwinden in dieser Ordnung der Störungstheorie aufgrund der Brillouin-Bedingung. Die Gleichungen (2.11) bis (2.14) führen nach Sortieren der Potenzen von λ und anschließende Projektion auf zweifach angeregte Determinanten $\langle\mu_2|$ auf die Bestimmungsgleichungen für die Amplituden (siehe Anhang):

$$\langle\mu_2|\,[\hat{F},\hat{T}_2]\,|\mathrm{HF}\rangle + \langle\mu_2|\,\hat{H}\,|\mathrm{HF}\rangle \;=\; 0\,. \tag{2.15}$$

Hierbei handelt es sich um eine Verallgemeinerung der bekannten kanonischen Formulierung, die somit auch für Orbitale gültig ist, welche den Fock-Operator nicht diagonalisieren, beispielsweise lokalisierte Molekülorbitale. Dies erlaubt die Formulierung eines Lagrange-Funktionals für die Energie, mit dessen Hilfe die Amplituden $t_{ij}^{\alpha\beta}$ derart bestimmt werden, dass die Energiekorrektur in Gl. (B.9) unter Auflage der Nebenbedingungen in Gl. (2.15) dem Betrag nach maximal wird. Im Folgenden werden die hierfür benötigten Lagrange-Multiplikatoren in Anlehnung an die Amplituden mit $\bar{t}_{\mu_2}$ bezeichnet. Da das Funktional erstmals von Hylleraas formuliert wurde [73], heißt dieses spezielle Lagrange-Funktional auch Hylleraas-Funktional:

$$
\begin{aligned}
\mathcal{H}_{\mathrm{MP2}} &= \langle \mathrm{HF}| \hat{H} |\mathrm{HF}\rangle + \langle \mathrm{HF}| \hat{H} |\mathrm{MP1}\rangle + \sum_{\mu_2} \bar{t}_{\mu_2} \langle \mu_2| \left(\hat{H} + [\hat{F}, \hat{T}_2] \right) |\mathrm{HF}\rangle \quad (2.16) \\
&= E_{\mathrm{HF}} + \frac{1}{2} \sum_{ij\alpha\beta} t_{ij}^{\alpha\beta} \langle \mathrm{HF}| \hat{H} \hat{\tau}_{ij}^{\alpha\beta} |\mathrm{HF}\rangle \\
&\quad + \frac{1}{2} \sum_{k\gamma l\delta} \bar{t}_{kl}^{\gamma\delta} \left\langle \overline{\substack{\gamma\delta \\ kl}} \right| \hat{H} |\mathrm{HF}\rangle \\
&\quad + \frac{1}{4} \sum_{kl\gamma\delta} \bar{t}_{kl}^{\gamma\delta} \sum_{i\alpha j\beta} t_{ij}^{\alpha\beta} \left\langle \overline{\substack{\gamma\delta \\ kl}} \right| [\hat{F}, \hat{\tau}_{ij}^{\alpha\beta}] |\mathrm{HF}\rangle , \quad (2.17)
\end{aligned}
$$

mit der Parametrisierung der Bra-Zustände für abgeschlossenschalige Moleküle

$$
\left\langle \overline{\substack{\alpha\beta \\ ij}} \right| = \frac{1}{3} \left\langle \substack{\alpha\beta \\ ij} \right| + \frac{1}{6} \left\langle \substack{\alpha\beta \\ ji} \right| . \quad (2.18)
$$

Die Indizes $\alpha, \beta, \gamma, \delta$ bezeichnen die vollständige unendliche Menge virtueller Orbitale, d.h. sowohl konventionelle a, b, c, d als auch solche, die nicht in der endlichen Orbitalbasis enthalten sind ($\alpha'', \beta'', \gamma'', \delta''$):

$$
\{\alpha\} = \{a\} \oplus \{\alpha''\} . \quad (2.19)
$$

2.2.1 Bestimmung der Lagrange-Multiplikatoren

Zur Bestimmung der Lagrange-Multiplikatoren $\bar{t}_{\mu_2}$ wird das Funktional bezüglich der Amplituden abgeleitet:

$$
\begin{aligned}
\frac{\partial \mathcal{H}_{\mathrm{MP2}}}{\partial t_{ij}^{\alpha\beta}} &= 0 = \frac{1}{2} \langle \mathrm{HF}| \hat{H} \hat{\tau}_{ij}^{\alpha\beta} |\mathrm{HF}\rangle + \frac{1}{4} \sum_{k\gamma l\delta} \bar{t}_{kl}^{\gamma\delta} \left\langle \overline{\substack{\gamma\delta \\ kl}} \right| [\hat{F}, \hat{\tau}_{ij}^{\alpha\beta}] |\mathrm{HF}\rangle \quad (2.20) \\
\Leftrightarrow -2 \langle \mathrm{HF}| \hat{H} \left| \substack{\alpha\beta \\ ij} \right\rangle &= \sum_{k\gamma l\delta} \bar{t}_{kl}^{\gamma\delta} \left\langle \overline{\substack{\gamma\delta \\ kl}} \right| \left(\hat{F} - E^{(0)} \right) \left| \substack{\alpha\beta \\ ij} \right\rangle . \quad (2.21)
\end{aligned}
$$

Es sei angemerkt, dass unter Verwendung der Methode nach Lagrange die *partiellen* Ableitungen des Funktionals gebildet werden. Eine genaue Darstellung erfolgt in Kap. 4 am Beispiel der Gradienten; die wesentlichen Aspekte lassen sich jedoch leicht auf das hier diskutierte Hylleraas-Funktional übertragen.

Analog wird für die Bestimmung der Amplituden die Ableitung bezüglich der Multiplikatoren gebildet:

$$\frac{\partial \mathcal{H}_{\mathrm{MP2}}}{\partial \bar{t}_{ij}^{\alpha\beta}} \;=\; 0 = \left\langle \overline{\substack{\alpha\beta\\ij}} \right| \hat{H} \left| \mathrm{HF} \right\rangle + \left\langle \overline{\substack{\alpha\beta\\ij}} \right| [\hat{F}, \hat{T}_2] \left| \mathrm{HF} \right\rangle \tag{2.22}$$

$$\Leftrightarrow -2 \left\langle \overline{\substack{\alpha\beta\\ij}} \right| \hat{H} \left| \mathrm{HF} \right\rangle \;=\; \sum_{kl\gamma\delta} t_{kl}^{\gamma\delta} \left\langle \overline{\substack{\alpha\beta\\ij}} \right| \left(\hat{F} - E^{(0)} \right) \left| \substack{\gamma\delta\\kl} \right\rangle . \tag{2.23}$$

Mit der Parametrisierung in Gleichung (2.18) lässt sich analog zu Gl. (2.23) eine Beziehung herleiten, bei der i und j vertauscht sind. Diese wird mit der unveränderten Gl. (2.23) derart linear kombiniert, dass die linke Seite mit Gl. (2.21) übereinstimmt. Der anschließende Vergleich der rechten Seiten liefert die Beziehung:

$$\bar{t}_{ij}^{\alpha\beta} \;=\; 2 \left(2 t_{ij}^{\alpha\beta} - t_{ji}^{\alpha\beta} \right) . \tag{2.24}$$

2.2.2 Auswertung des Energieausdrucks

Nach Bestimmung der Lagrange-Multiplikatoren liefert die Auswertung für den zweiten Term in Gl. (2.17):

$$\frac{1}{2} \sum_{ij\alpha\beta} t_{ij}^{\alpha\beta} \left\langle \mathrm{HF} \right| \hat{H} \left| \substack{\alpha\beta\\ij} \right\rangle \;=\; \sum_{ij\alpha\beta} t_{ij}^{\alpha\beta} \left(2\langle ij|g_{12}|\alpha\beta\rangle - \langle ij|g_{12}|\beta\alpha\rangle \right) . \tag{2.25}$$

Der dritte Term,

$$\left\langle \overline{\substack{\alpha\beta\\ij}} \right| \hat{H} \left| \mathrm{HF} \right\rangle \;=\; \langle ij|g_{12}|\alpha\beta\rangle , \tag{2.26}$$

ist aufgrund der Parametrisierung (für reelle Orbitale) identisch mit dem zweiten, da sich die entsprechende Vertauschung in den Lagrange-Multiplikatoren $\bar{t}_{ij}^{\alpha\beta}$ wiederfindet. Gemeinsam entsprechen beide dem häufig als $2V$-Term bezeichneten Teil des Hylleraas-Funktionals (im Fall von komplexen Orbitalen $2\,\mathrm{Re}(V)$). Der letzte Term in Gl. (2.17),

$$\frac{1}{4} \sum_{ij\alpha\beta} t_{ij}^{\alpha\beta} \sum_{kl\gamma\delta} 2 \left(2 t_{kl}^{\gamma\delta} - t_{lk}^{\gamma\delta} \right) \left\langle \overline{\substack{\gamma\delta\\kl}} \right| [\hat{F}, E_i^\alpha E_j^\beta] \left| \mathrm{HF} \right\rangle , \tag{2.27}$$

der im Gegensatz zu den ersten beiden Termen sowohl Amplituden als auch Lagrange-Multiplikatoren enthält, liefert den Beitrag, der die Matrix **B** beinhaltet:

$$(2.27) \;=\; \frac{1}{2} \sum_{ij\alpha\beta} t_{ij}^{\alpha\beta} \sum_{kl\gamma\delta} \left(2 t_{kl}^{\gamma\delta} - t_{lk}^{\gamma\delta} \right) \cdot$$

$$\cdot \sum_{\rho\varrho} F_{\rho\varrho} \left\langle \overline{\substack{\gamma\delta\\kl}} \right| E_i^\alpha E_j^\varrho \delta_{\varrho\beta} - E_i^\alpha E_\varrho^\beta \delta_{\rho j} + E_i^\varrho E_j^\beta \delta_{\alpha\varrho} - E_\varrho^\alpha E_j^\beta \delta_{\rho i} \left| \mathrm{HF} \right\rangle . \tag{2.28}$$

Hierbei bezeichnen ρ und ϱ die vollständige 1-Teilchen-Basis. Durch Auswertung der Überlappungsmatrizen (siehe Anhang) erhält man

$$
\begin{aligned}
(2.28) \quad = \quad & \sum_{ij\alpha\beta} t_{ij}^{\alpha\beta} \left\{ \sum_{\gamma} \left[(2t_{ij}^{\alpha\gamma} - t_{ji}^{\alpha\gamma})F_{\gamma\beta} + (2t_{ij}^{\gamma\beta} - t_{ji}^{\gamma\beta})F_{\gamma\alpha} \right] \right. \\
& \left. - \sum_{k} \left[(2t_{ik}^{\alpha\beta} - t_{ki}^{\alpha\beta})F_{jk} + (2t_{kj}^{\alpha\beta} - t_{jk}^{\alpha\beta})F_{ik} \right] \right\} . \qquad (2.29)
\end{aligned}
$$

2.3 Explizite Elektronenkorrelation

Bisher erfolgte die Herleitung ohne Einschränkung der Form der Zweifach-Anregungen. Für weitere Umformungen ist eine Betrachtung der konkreten Gestalt der explizit korrelierten Paare notwendig. Von besonderer Bedeutung ist in diesem Zusammenhang die Metrik der 2-Teilchen-Basisfunktionen (Geminale), da diese weder untereinander noch bezüglich der konventionellen Zweifach-Anregungen orthonormiert sind. Basierend auf einer Abtrennung der explizit korrelierten Anregungen $\hat{T}_{2'}$ (aus dem vollständigen Satz $\hat{T}_2$), kann man das vollständige Hylleraas-Funktional indiziert durch „MP2" in drei Teile unterteilen: einen konventionellen („konv"), einen rein explizit korrelierten („ΔF12") und den Kopplungsbeitrag („kopp"):

$$
\mathcal{H}_{\mathrm{MP2}} = \mathcal{H}_{\mathrm{konv}} + \mathcal{H}_{\Delta\mathrm{F12}} + \mathcal{H}_{\mathrm{kopp}} . \qquad (2.30)
$$

Der erste Term repräsentiert somit die konventionelle MP2-Energie. Bei Annahme der erweiterten Brillouin-Bedingung (EBC) ist die Kopplung identisch mit null ($F_{a\beta} = 0$ [74]). Zusätzlich zu dieser formalen Bedingung haben numerische Untersuchungen gezeigt [69], dass die Beiträge im Rahmen der vorliegenden Arbeit vernachlässigbar klein sind und daher im Folgenden nicht weiter betrachtet werden. Die zentrale Rolle nimmt der zweite Term ein, welcher den ausschließlich explizit korrelierten Zusatztermen entspricht.

2.3.1 Die explizit korrelierten Paare

Der Operator $\hat{T}_{2'}$ enthält eine spezielle Form von Zweifach-Anregungen, welche als R12-Anregungen bezeichnet werden. Diese sind so gewählt, dass sie die Cusp-Bedingungen in erster Ordnung erfüllen. Formal können sie geschrieben werden als:

$$t_{ij}^{\alpha\beta} = \sum_{\mathbf{kl}} c_{ij}^{\mathbf{kl}} w_{\mathbf{kl}}^{\alpha\beta}, \tag{2.31}$$

$$w_{\mathbf{kl}}^{\alpha\beta} = \langle \alpha\beta | \hat{Q}_{12} f(r_{12}) | \mathbf{kl} \rangle . \tag{2.32}$$

Fettgedruckte Buchstaben deuten die Geminale an, die unterschiedlich gewählt werden können (siehe Kap. 3.2.1). Obwohl im Rahmen der vorliegenden Arbeit ausschließlich besetzte Orbitale verwendet werden, wird die Notation zwecks Übersichtlichkeit beibehalten. Bei $c_{ij}^{\mathbf{kl}}$ handelt es sich um die R12-Amplituden; der Operator $\hat{Q}_{12}$ stellt sicher, dass die neuen Anregungen streng orthogonal auf dem Hartree-Fock-Referenzzustand sind [75]:

$$\hat{Q}_{12} = (1 - \hat{O}_1)(1 - \hat{O}_2) - \hat{V}_1\hat{V}_2, \tag{2.33}$$

$$\hat{O} = \sum_K |\phi_K\rangle\langle\phi_K| . \tag{2.34}$$

$\hat{O}$ ist der Projektor auf die besetzten Hartree-Fock-Orbitale. Großbuchstaben zeigen im Fall besetzter Orbitale an, dass die Projektion eingefrorene und aktive Orbitale einschließt, wohingegen kleine Buchstaben andeuten, dass nur aktive berücksichtigt werden. Diese Wahl des Projektionsoperators ist als Ansatz 2 in der R12-Theorie bekannt [10]. Sind sowohl konventionelle als auch R12-Zweifach-Anregungen vorhanden, ist es vorteilhaft, die virtuellen Paare ebenfalls herauszuprojizieren [26, 76] (siehe auch Referenzen [30, 32]), was gelegentlich als Ansatz 3 bezeichnet wird (s. Abb. 2.1). Es sei angemerkt, dass ohne weitere Näherungen Ansatz 2 und 3 äquivalent sind. Da im Fall von Ansatz 3 jedoch der Beitrag der virtuellen Hartree-Fock-Orbitale herausprojiziert wird, ist der Beitrag durch die Kopplung zwischen konventionellen virtuellen Orbitalen und den explizit korrelierten Paaren sehr klein, so dass die Annahme des EBC eine gute Näherung darstellt (vgl. oben). Im Rahmen von Ansatz 2 gilt dies nicht, da die unbesetzten Orbitale stark mit den R12-Paaren überlappen und der Kopplungsbeitrag sehr groß ist.

Slater-Geminale mit $f(r_{12}) = \exp(-\gamma r_{12})$ wurden 2004 von Ten-no in die Theorie der explizit korrelierten Wellenfunktionen eingeführt [77]. Durch verschiedene Implementierungen wurde der Nutzen für MP2 [31, 52, 54, 78–82], Coupled-Cluster-Methoden [35, 39] oder Multireferenz-Störungstheorie [83] bestätigt. Im Rahmen dieser Arbeit wurden ausschließlich zu einem Slater-Typ (STG) kontrahierte sechs Gauß-Basisfunktionen verwendet (STG-6G), wobei die Koeffizienten c_i und Exponenten ω_i aus der Literatur stammen [80]:

$$f_{12} = f(r_{12}) = \sum_{i=1}^{n} c_i \exp(-\omega_i \, r_{12}^2) \approx \exp(-\gamma \, r_{12}). \tag{2.35}$$

Damit kann zunächst das Funktional

$$\mathcal{H}_{\Delta F12} = 2 \sum_{ij} \sum_{kl} d_{ij}^{kl} \, V_{ij}^{kl} + \sum_{ij} \sum_{kl} \sum_{mn} d_{ij}^{kl} c_{ij}^{mn} \, {}^{(ij)}B_{kl,mn} \tag{2.36}$$

mit den Größen

$$V_{ij}^{kl} = \langle kl| \, f_{12} \hat{Q}_{12} g_{12} \, |ij\rangle = \langle kl| \, \hat{v}_{12} \, |ij\rangle \tag{2.37}$$

$${}^{(ij)}B_{kl,mn} = \langle kl| \, f_{12} \hat{Q}_{12}(\hat{F}_1 + \hat{F}_2 - \epsilon_i - \epsilon_j)\hat{Q}_{12} f_{12} \, |mn\rangle \tag{2.38}$$

$$d_{ij}^{kl} = 2c_{ij}^{kl} - c_{ji}^{kl} \tag{2.39}$$

formuliert werden. Die Amplituden können entweder variationell optimiert oder bei bestimmten Werten festgehalten werden. Im Rahmen der variationellen Lösung erfolgt die Berechnung aller Amplituden c_{ij}^{kl} derart, dass sie das Hylleraas-Funktional minimieren (*var*) [84]. Für jedes Paar ij ergibt sich ein Lösungsvektor

$${}^{(var)}\vec{c}_{ij} = -[{}^{(ij)}\mathbf{B}]^{-1} \cdot \vec{V}_{ij}, \tag{2.40}$$

mit den Symmetrien

$$c_{ij}^{kl} = c_{ji}^{lk}. \tag{2.41}$$

Die Methode ist invariant bezüglich Orbitalrotationen innerhalb der besetzten Orbitale. Das gilt auch, wenn die (spin-adaptierten) Amplituden auf diagonale Anregungen c_{ij}^{ij} beschränkt bleiben und mit der Methode von Ten-no basierend auf Katos Cusp-Bedingung festgehalten werden (*fix*) [4, 29]:

$${}^{(fix)}c_{ij}^{kl} = \frac{3}{8}\delta_{ik}\delta_{jl} + \frac{1}{8}\delta_{jk}\delta_{il}. \tag{2.42}$$

Im Rahmen dieser Arbeit werden beide Varianten verwendet und verglichen, da der *fix*-Ansatz nicht das Problem des Geminal-BSSE [81] aufweist, das auftritt, wenn bei einem Dimer Anregungen aus einem Monomer in das andere erfolgen (siehe Kap. 6).

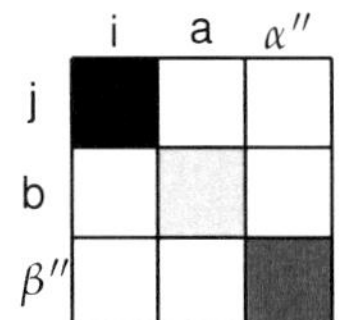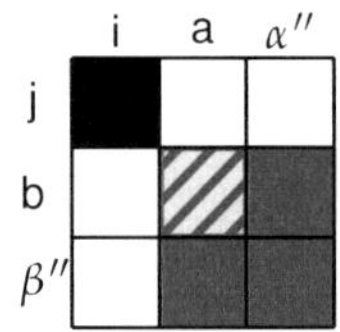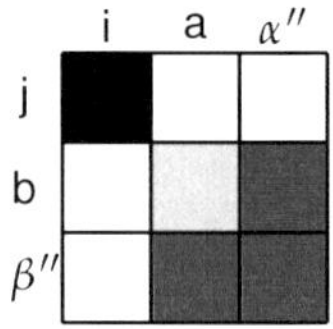

Abb. 2.1: Bildliche Darstellung der Wirkungsweise der verschiedenen Projektionsoperatoren. α'', β'' stellen den fehlenden Beitrag der endlichen Orbitalbasis dar. Schwarz bildet den Hartree-Fock-Beitrag ab, hellgrau symbolisiert den konventionellen MP2-Beitrag. Die dunkelgrauen Flächen stehen für die F12-Zusatzbeiträge. Von links nach rechts: $\hat{Q}_{12}^{(1)}$, $\hat{Q}_{12}^{(2)}$, $\hat{Q}_{12}^{(3)}$.

Erweiterung auf den UHF-Formalismus

Im Rahmen der Erweiterung für den UHF-Formalismus treten Beiträge mit gleichem (Same-Spin) und unterschiedlichem Spin (Opposite-Spin) auf, die mit den entsprechenden Amplituden kontrahiert werden (vgl. Ref. [85]):

$$
\begin{aligned}
\mathcal{H}_{\Delta\mathrm{F12}} \;=\; & 2\sum_{\sigma}^{\alpha,\beta}\sum_{i_\sigma<j_\sigma}\sum_{k_\sigma<l_\sigma} d_{i_\sigma j_\sigma}^{\mathbf{k}_\sigma \mathbf{l}_\sigma} \langle \mathbf{k}_\sigma \mathbf{l}_\sigma | f_{12}\hat{Q}_{12}g_{12} | i_\sigma j_\sigma \rangle \\
& + \sum_{\sigma}^{\alpha,\beta}\sum_{i_\sigma<j_\sigma}\sum_{k_\sigma<l_\sigma}\sum_{m_\sigma<n_\sigma} d_{i_\sigma j}^{\mathbf{k}_\sigma \mathbf{l}_\sigma} c_{i_\sigma j_\sigma}^{\mathbf{m}_\sigma \mathbf{n}_\sigma} \langle \mathbf{k}_\sigma \mathbf{l}_\sigma | f_{12}\hat{Q}_{12}(\hat{F}_{12} - \epsilon_{i_\sigma j_\sigma})\hat{Q}_{12}f_{12} | \mathbf{m}_\sigma \mathbf{n}_\sigma \rangle \\
& + 2\sum_{i_\alpha j_\beta}\sum_{k_\alpha l_\beta} c_{i_\alpha j_\beta}^{\mathbf{k}_\alpha \mathbf{l}_\beta} \langle \mathbf{k}_\alpha \mathbf{l}_\beta | f_{12}\hat{Q}_{12}g_{12} | i_\alpha j_\beta \rangle \\
& + \sum_{i_\alpha j_\beta}\sum_{k_\alpha l_\beta}\sum_{m_\alpha n_\beta} c_{i_\alpha j_\beta}^{\mathbf{k}_\alpha \mathbf{l}_\beta} c_{i_\alpha j_\beta}^{\mathbf{m}_\alpha \mathbf{n}_\beta} \langle \mathbf{k}_\alpha \mathbf{l}_\beta | f_{12}\hat{Q}_{12}(\hat{F}_{12} - \epsilon_{i_\alpha j_\beta})\hat{Q}_{12}f_{12} | \mathbf{m}_\alpha \mathbf{n}_\beta \rangle .
\end{aligned}
\tag{2.43}
$$

Man beachte die folgende Definition im Vergleich zu Gl. (2.39):

$$
d_{i_\sigma j_\sigma}^{\mathbf{k}_\sigma \mathbf{l}_\sigma} \;=\; c_{i_\sigma j_\sigma}^{\mathbf{k}_\sigma \mathbf{l}_\sigma} - c_{j_\sigma i_\sigma}^{\mathbf{k}_\sigma \mathbf{l}_\sigma} .
\tag{2.44}
$$

Im Gegensatz zum RHF-Fall ergeben sich für offenschalige Moleküle oder Atome mehrere Möglichkeiten, die Amplituden zu fixieren [86]. Die einfachste Wahl besteht in der Verwendung von Gl. (2.42). Da diese jedoch Spin-Kontaminierung einführt und für gleiche α- und β-Orbitale *nicht* die gleiche Energie wie die RHF-Methode liefert, wird im Rahmen der vorliegenden Arbeit für offenschalige Systeme immer die variationelle Bestimmung der Amplituden verwendet. Die beiden erwähnten schwerwiegenden Nachteile treten nicht auf, wenn die Spin-Flip-Methode verwendet wird [86], welche die Cusp-Bedingungen für offenschalige Systeme erfüllt

[87, 88]. Im Rahmen der vorliegenden Arbeit wird sie nicht behandelt, da sie erst kürzlich entwickelt wurde.

Berechnung der Matrix B

Eine direkte Implementierung des Hylleraas-Funktionals in Gl. (2.36) kann aufgrund numerischer Instabilitäten in Gl. (2.38) nicht ohne weitere Umformungen erfolgen. Verwendung findet daher stets die u.a. in Ref. [10] beschriebene Kommutator-Formulierung, siehe Gl. (2.45). Insbesondere für Näherung A ergibt sich damit folgender Kern für die Matrix **B**:

$$f_{12}\hat{Q}_{12}(\hat{F}_{12} - \epsilon_{ij})\hat{Q}_{12}f_{12} \;\overset{A}{=}\; \frac{1}{2}\left(f_{12}\hat{Q}_{12}[\hat{T}_{12}, f_{12}] + [f_{12}, \hat{T}_{12}]\hat{Q}_{12}f_{12}\right), \quad (2.45)$$

welcher im Gegensatz zu Gl. (2.38) nun ij-unabhängig ist. Eine kürzlich erschienene Dissertation gibt einen genauen Überblick über die Implementierung der verschiedenen Näherungen [89]. Angemerkt sei, dass die Berechnung aller in Gl. (2.36) auftretenden Terme eine Konvergenz des Basissatzfehlers mit $\propto X^{-7}$ zur Folge hat, wohingegen sich im Fall von Näherung A der Fehler mit $\propto X^{-5}$ verringert [74].

Somit wird im Rahmen der vorliegenden Arbeit das Hylleraas-Funktional

$$\mathcal{H}_{\Delta F12} = 2\sum_{ij}\sum_{kl} d_{ij}^{kl}\langle kl|\,\hat{v}_{12}\,|ij\rangle + \sum_{kl}\sum_{mn}\frac{1}{2}\left(e_{mn}^{kl} + e_{kl}^{mn}\right)\langle kl|\,\hat{b}_{12}\,|mn\rangle \quad (2.46)$$

mit

$$e_{mn}^{kl} = \sum_{ij} d_{ij}^{kl}c_{ij}^{mn}, \quad (2.47)$$

$$\hat{b}_{12} = f_{12}\hat{Q}_{12}\hat{t}_{12}, \quad (2.48)$$

$$\hat{t}_{12} = [\hat{T}_{12}, f_{12}]. \quad (2.49)$$

verwendet. Die Berechnung des Integrals über den Kommutator kann entweder exakt oder durch Einführung eines Projektors geschehen, so dass man

$$\langle kl|\hat{T}_1 f_{12}|pq\rangle \approx \langle \check{kl}|f_{12}|pq\rangle \quad (2.50)$$

erhält, wobei das transformierte Orbital lautet:

$$|\check{k}\rangle = \hat{P}_1'\hat{T}_1|k\rangle = \sum_{p'} |p'\rangle\langle p'|\hat{T}_1|k\rangle. \quad (2.51)$$

(Zur Definition von p' siehe unten.) Eine solche Projektion erfolgt für alle vier Terme. Die genäherte Berechnung der Integrale ist numerisch jedoch zunächst instabil.

Höhere Stabilität wird durch Verwendung des gesamten 1-Elektronen-Anteils $\hat{h}$ erreicht, im Folgenden abkürzend als [T+V]-Näherung bezeichnet. Damit erhält man den Operator $\hat{b}_{12}$ in der [T+V]-Näherung:

$$\hat{b}_{12} \approx \mathbf{b}_{12} = f_{12}\hat{Q}_{12}\mathbf{t}_{12}, \tag{2.52}$$

$$\mathbf{t}_{12} = \hat{h}_1\,\hat{P}_1'\,f_{12} + \hat{h}_2\,\hat{P}_2'\,f_{12} - f_{12}\,\hat{P}_1'\,\hat{h}_1 - f_{12}\,\hat{P}_2'\,\hat{h}_2. \tag{2.53}$$

Formal kommutiert der neue Beitrag $\hat{V}_{\mathrm{ne}}$ (vgl. Kap. 2.1), so dass sich eine rein numerische Verbesserung ergibt. Die Ergebnisse lassen sich durch Hinzunahme der 2-Elektronen-Terme des Fock-Operators zum 1-Teilchen-Hamilton weiter stabilisieren ([F+K]-Näherung). Da letztere längere Rechenzeiten benötigt und die Ergebnisse der [T+V]-Näherung für den STG-Korrelationsfaktor bereits eine hohe numerische Stabilität aufweisen, stellt die Matrixdarstellung des 1-Elektronen-Hamilton-Operators die beste Wahl dar. Darüber hinaus wird in der [T+V]-Näherung die Transformationsmatrix mit nicht-genäherten Integralen berechnet, wohingegen bei Verwendung der [F+K]-Näherung zusätzlich die RI-JK-Näherung angewendet wird.

Die Standardnäherung

Trotz Einführung des Projektionsoperators $\hat{Q}_{12}$ führen die Geminale auf teure Mehrelektronen-Integrale. Im Rahmen der Standardnäherung werden sie durch eine RI-Näherung zu 2-Elektronen-Integralen vereinfacht:

$$\hat{Q}_{12}^{(3)} \approx 1 - \hat{O}_1\hat{P}_2' - \hat{P}_1'\hat{O}_2 + \hat{O}_1\hat{O}_2 - \hat{V}_1\hat{V}_2. \tag{2.54}$$

Diese Formulierung ist allgemein für jede Art von Hilfsbasis p' gültig. Nachdem anfänglich nur die Orbitalbasis hierfür verwendet wurde, ergänzt man sie seit 2004 um eine komplementäre Hilfsbasis (CABS). Somit lässt sich in Anlehnung an die Notation der virtuellen Orbitale der Raum aller Molekülorbitale schreiben als:

$$\{p'\} = \{p\} \oplus \{p''\} = \{p\} \cup \{\tilde{p}''\}. \tag{2.55}$$

Die Menge $\{\tilde{p}''\}$ deutet hierbei eine Hilfsbasis an, welche nicht orthonormal auf der Orbitalbasis steht. Für den Spezialfall CABS, bei dem die Hilfsbasis orthonormal auf der Hartee-Fock-Basis steht, heben sich bestimmte Terme in Gl. (2.54) gegenseitig auf:

$$\hat{Q}_{12}^{(3)} \approx 1 - \hat{O}_1\hat{P}_2'' - \hat{P}_1''\hat{O}_2 - \hat{P}_1\hat{P}_2. \tag{2.56}$$

Dies gilt nur für die CABS-Funktionen in der MO-Basis. Da den CABS-MOs wie jeder anderen Basis auch Gauß-Funktionen zugrunde liegen, welche *nicht* orthonormal auf den Gauß-Funktionen der Orbitalbasis stehen, ist bei der Gradientenberechnung aufgrund der Metrikänderung die allgemeinere Form (2.54) gültig.

2.4 CABS-Singles

Die Konvergenz des Basissatzfehlers der Hartree-Fock-Methode verläuft für das Wasserstoff-Atom exponentiell mit der Wurzel der Anzahl an s-artigen Basisfunktionen [90]. Numerische Ergebnisse lassen zudem ein exponentielles Abfallen des Fehlers für Moleküle annehmen [91–93]. Bei Verwendung explizit korrelierter Wellenfunktionen ist der Basissatzfehler des Hartree-Fock-Verfahrens jedoch meist deutlich größer als der Fehler in der Korrelationsenergie. Mithilfe der CABS-Singles erfolgt eine störungstheoretische Korrektur für das SCF-Verfahren, so dass sich der Fehler der Hartree-Fock-Energie deutlich verkleinert [36, 94]. Hierfür ist ein Hylleraas-Funktional analog zum Fall der Zweifach-Anregungen formulierbar. Unter Annahme des GBC ($F_{i\alpha} = 0$ [74]) und EBC lautet es:

$$\mathcal{H}_{\Delta s} = \sum_{IJ} \sum_{\tilde{p}''\tilde{q}''} c_I^{\tilde{p}''} \langle \tilde{p}''|\hat{Q}(S_{IJ}\hat{F} - F_{IJ})\hat{Q}|\tilde{q}''\rangle c_J^{\tilde{q}''} + 2 \sum_{I} \sum_{\tilde{p}''} c_I^{\tilde{p}''} \langle \tilde{p}''|\hat{Q}\hat{F}|i\rangle , \quad (2.57)$$

$$\hat{Q} = 1 - \hat{P}, \quad (2.58)$$

wobei es sich bei $c_i^{\tilde{p}''}$ um die entsprechenden Amplituden handelt, welche variationell bestimmt werden. Die Tilde deutet an, dass es sich im Rahmen dieser Formulierung um eine Hilfsbasis handelt, welche aufgrund des Projektionsoperators $\hat{Q}$ nicht orthonormal auf der Orbitalbasis stehen muss (s.o.). Da das lediglich beim Wechsel der Metrik im Rahmen der Gradienten eine Rolle spielt, sei die Tilde im Folgenden weggelassen. Entsprechend lautet die Definition der Matrix $\mathbf{B}$:

$$^{(i)}B_{p''q''} = F_{p''q''} - \delta_{p''q''}\epsilon_i . \quad (2.59)$$

Für spätere Herleitungen sei hier ebenfalls die Lösung angegeben

$$c_i^{p''} = -\sum_{q''} [^{(i)}\mathbf{B}^{-1}]_{p''q''} F_{q''i} , \quad (2.60)$$

aber nicht eingesetzt. Die so erhaltene Energiekorrektur wird mit $E_{\Delta s}$ bezeichnet.

Es sei angemerkt, dass im Sinn der CABS-Singles auch eine Formulierung von CABS-Doubles möglich ist, welche eine spezielle Formulierung des Dual-Basis-Ansatzes von Almlöf [95] darstellt. Hierzu werden anstelle der Geminale Paare der Form $\hat{Q}_{12}|p''q''\rangle$ in das Hylleraas-Funktional eingesetzt. Numerische Tests zeigen jedoch, dass diese erwartungsgemäß bei weitem nicht so viel Korrelationsenergie liefern wie explizit korrelierte Methoden [96].

2.5 Integrale für F12-Methoden

Im Rahmen des Obara-Saika-Schemas werden die Integrale mittels Rekursionsbeziehungen berechnet [97]. Diese setzen die analytische Berechnung einiger weniger Grundintegrale I_0 voraus:

$$I_0[g(r_{12})] \quad \propto \quad G_0(\rho, T), \tag{2.61}$$

$$I_0^{(n)}[g(r_{12})] \quad \propto \quad G_n(\rho, T). \tag{2.62}$$

Dabei bedarf es eines Grundintegrals I_0 für jeweils einen Operator $g(r_{12})$ (nicht zu verwechseln mit g_{12}). Alle Integrale sowie sämtliche Intermediate müssen als Funktion von ρ und T darstellbar und beliebig oft differenzierbar sein:

$$G_0(\rho, T) \quad = \quad \int e^{-\rho|\vec{r} - \vec{P} + \vec{Q}|^2} g(r) \mathrm{d}^3 \vec{r}, \tag{2.63}$$

$$G_n(\rho, T) \quad = \quad \left(-\frac{\partial}{\partial T} \right)^n G_0(\rho, T). \tag{2.64}$$

Das implementierte Obara-Saika-Schema soll hier nicht im Detail besprochen werden [98]. Es werden lediglich die Größen $T, \rho, \vec{P}$ und $\vec{Q}$, welche Funktionen der Exponenten a, b, c, d der vier Gauß-Basisfunktionen an den Zentren $\vec{A}, \vec{B}, \vec{C}$ und $\vec{D}$ sind, definiert:

$$p = a + b, \qquad q = c + d, \qquad \rho = \frac{pq}{p + q}, \tag{2.65}$$

$$\vec{P} = \frac{a\vec{A} + b\vec{B}}{a + b}, \qquad \vec{Q} = \frac{c\vec{C} + d\vec{D}}{c + d}, \tag{2.66}$$

$$T = \rho |\vec{P} - \vec{Q}|^2. \tag{2.67}$$

Die Notation folgt hierbei den zitierten Veröffentlichungen. Um Integrale zu implementieren, werden nur die Grundintegrale $G_0(\rho, T)$ und ihre n-ten Ableitungen $G_n(\rho, T)$ benötigt. Für die Integrale seien noch die Hilfsgrößen

$$\tilde{\rho}_i = \frac{\omega_i}{\rho + \omega_i}, \qquad \hat{\rho}_i = \frac{\rho}{\rho + \omega_i} \tag{2.68}$$

eingeführt, welche vom Exponent ω_i des genäherten STG abhängen.

Den einfachsten Fall stellt das Integral über den Korrelationsfaktor $g(r_{12}) = f(r_{12}) = \sum_i c_i \exp(-\omega_i r_{12}^2)$ dar. In diesem Fall lauten die Integrale

$$G_0(\rho, T) \quad = \quad \sum_i c_i \left(\frac{\pi}{\rho + \omega_i} \right)^{\frac{3}{2}} \exp(-\tilde{\rho}_i T), \tag{2.69}$$

$$G_n(\rho, T) \quad = \quad \sum_i c_i \tilde{\rho}_i^n \left(\frac{\pi}{\rho + \omega_i} \right)^{\frac{3}{2}} \exp(-\tilde{\rho}_i T). \tag{2.70}$$

Das Integral über $f^2(r_{12})$ unterscheidet sich nur insoweit vom Integral über $f(r_{12})$, als die Summe durch eine Doppelsumme ersetzt werden muss. Mit der Definition

$$c_{ij} = c_i c_j, \qquad \omega_{ij} = \omega_i + \omega_j, \tag{2.71}$$

und

$$\tilde{\rho}_{ij} = \frac{\omega_{ij}}{\rho + \omega_{ij}}, \qquad \hat{\rho}_{ij} = \frac{\rho}{\rho + \omega_{ij}} \tag{2.72}$$

lauten die Integrale für den Operator $g(r_{12}) = f^2(r_{12})$:

$$G_0(\rho, T) = \sum_{i,j} c_{ij} \left(\frac{\pi}{\rho + \omega_{ij}} \right)^{\frac{3}{2}} \exp(-\tilde{\rho}_{ij} T), \tag{2.73}$$

$$G_n(\rho, T) = \sum_{i,j} c_{ij} \tilde{\rho}_{ij}^n \left(\frac{\pi}{\rho + \omega_{ij}} \right)^{\frac{3}{2}} \exp(-\tilde{\rho}_{ij} T). \tag{2.74}$$

Die Integrale über $g(r_{12}) = f(r_{12})/r_{12}$ müssen für R12 nicht berücksichtigt werden, wohl aber im Allgemeinen für F12. Die Integrale lauten

$$G_0(\rho, T) = \sum_i c_i \left(\frac{2\pi}{\rho + \omega_i} \right) \exp(-\tilde{\rho}_i T) \, F_0 \left(\hat{\rho}_i T \right), \tag{2.75}$$

$$G_n(\rho, T) = \sum_i c_i \left(\frac{2\pi}{\rho + \omega_i} \right) \exp(-\tilde{\rho}_i T) \left[\sum_m \binom{n}{m} \tilde{\rho}_i^{(n-m)} \hat{\rho}_i^m F_m \left(\hat{\rho}_i T \right) \right], \tag{2.76}$$

mit der Boys-Funktion $F_m(x)$. Darüber hinaus erhält man die Integrale über den Doppel-Kommutator mit dem Kern $g(r_{12}) = (\nabla_1 f(r_{12}))^2$:

$$G_0(\rho, T) = 4 \sum_{i,j} c_{ij} \omega_i \omega_j \sqrt{\frac{\pi^3}{(\rho + \omega_{ij})^5}} \left(\hat{\rho}_{ij} T + \frac{3}{2} \right) \exp(-\tilde{\rho}_{ij} T), \tag{2.77}$$

$$G_n(\rho, T) = 4 \sum_{i,j} c_{ij} \omega_i \omega_j \sqrt{\frac{\pi^3}{(\rho + \omega_{ij})^5}} \quad \tilde{\rho}_{ij}^{(n-1)} \cdot$$

$$\cdot \left(\frac{3}{2} \tilde{\rho}_{ij} + \tilde{\rho}_{ij} \hat{\rho}_{ij} T - n \hat{\rho}_{ij} \right) \exp(-\tilde{\rho}_{ij} T). \tag{2.78}$$

3. Die Geminalbasis in explizit korrelierten Methoden

Im Rahmen des normalen Ansatzes für explizit korrelierte Wellenfunktionen werden zusätzliche F12-Anregungen eingeführt. Diese sollen den interelektronischen Cusp sowie dessen nähere Umgebung gut beschreiben, während die konventionellen Anregungen die Wellenfunktion insgesamt abbilden. 1985 wurde von Kutzelnigg gezeigt [5], dass ein großer Anteil der Korrelationsenergie von Helium mit einer einzigen explizit korrelierten Basisfunktion erhalten werden kann [4, 99, 100]:

$$\Psi \;=\; \left(1 + \frac{1}{2} r_{12}\right) \Phi. \tag{3.1}$$

Im folgenden Kapitel soll ein analoger Ansatz für Moleküle erfolgen. Dazu werden die konventionellen Zweifach-Anregungen aus der explizit korrelierten CC2-Theorie [101] entfernt. Ein solcher CCS(F12)-Ansatz liefert 80 bis 95% der CC2-Korrelationsenergie [102]. Dies ist ein erstaunlich großer Anteil, wenn man sich die kleine Anzahl und die geringe Flexibilität der Geminale vor Augen führt.

3.1   Die Methode CCS(F12)

Die CCS(F12)-Methode ist analog zum CC2-F12-Verfahren mit dem bereits angesprochenen Unterschied, dass die konventionellen Zweifach-Anregungen nicht in der Wellenfunktion enthalten sind. Damit lautet die CCS(F12)-Wellenfunktion

$$|\mathrm{CC}\rangle = \exp(\hat{T})\,|\mathrm{HF}\rangle, \tag{3.2}$$

mit Hartree-Fock als Referenzwellenfunktion und

$$\hat{T} \;=\; \hat{T}_1 + \hat{T}_{2'}, \tag{3.3}$$

$$\hat{T}_1 \;=\; \sum_{ai} t_i^a E_i^a. \tag{3.4}$$

Bei $\hat{T}_{2'}$ handelt es sich um den gleichen Anregungsoperator wie in Kap. 2 mit dem Unterschied, dass aufgrund der fehlenden konventionellen Zweifach-Anregungen Ansatz 2 verwendet wird (siehe Abb. 2.1). Die CCS(F12)-Gleichungen lauten

$$E \;=\; \langle \mathrm{HF} | \, \hat{H}(1 + \tfrac{1}{2}\hat{T}_1^2 + \hat{T}_{2'}) \, | \mathrm{HF} \rangle \,, \tag{3.5}$$

$$0 \;=\; \langle \mu_1 | \, \tilde{F} + \tilde{\phi} + [\tilde{\phi}, \hat{T}_{2'}] \, | \mathrm{HF} \rangle \,, \tag{3.6}$$

$$0 \;=\; \langle \mu_{2'} | \, [\hat{F}, \hat{T}_{2'}] + \tilde{\phi} \, | \mathrm{HF} \rangle \,, \tag{3.7}$$

mit den üblichen Projektionsmannigfaltigkeiten (siehe Ref. [51, 76, 103] oder im Anhang). Es sei angemerkt, dass – allgemein für explizit korrelierte Coupled-Cluster-Methoden – im Fall von festen Amplituden ein zusätzlicher Lagrange-Term eingeführt werden muss [37]. Die Tilde deutet $\hat{T}_1$-transformierte Größen an:

$$\tilde{A} = e^{-\hat{T}_1} \hat{A} e^{\hat{T}_1} \,. \tag{3.8}$$

In Gl. (3.7) liegt kein $\hat{T}_1$-transformierter Fock-Operator vor, da das GBC angenommen wurde [74]. Der CCS(F12)-Ansatz kann mit dem CC2-Ansatz verglichen werden, welcher genau gleich ist, nur dass $\hat{T}_2$ durch $\hat{T}_{2'}$ ersetzt wurde.

3.2 Ergebnisse

In diesem Kapitel werden CC2-, CC2-F12- [103] und CCS(F12)-Rechnungen an einem Testsatz von kleinen Molekülen vorgestellt (siehe Anhang). Zunächst erfolgt der Vergleich der Basissatzlimits von CCS(F12) und CC2, gefolgt von der Untersuchung des Einflusses verschiedener Parameter auf die Korrelationsenergie. Abschließend wird die Berechnung von Energiedifferenzen betrachtet.

3.2.1 Basissatzlimit von CCS(F12) und CC2

Die Basissatzlimits der Methoden CCS(F12) und CC2 sind in Tab. 3.1 angegeben. Um die Limits der Methode CCS(F12) zu erhalten, wurden alle Residuen minimiert (angedeutet durch das Präfix *var-*) und der Exponent des STG-Korrelationsfaktors γ derart optimiert, dass die vom Betrag her größte Korrelationsenergie erhalten wurde. Die Untersuchungen zeigen, dass für CCS(F12) unabhängig von der Basissatzgröße näherungsweise der gleiche optimale Exponent γ erhalten wird. Daher wurde der mit triple-ζ-Basissätzen optimierte Exponent γ^{opt} ohne Neuoptimierung auch für größere Basissätze verwendet.

Die Basissatzlimits der Methode *var*-CCS(F12) betragen ungefähr 80 bis 95% der CC2-Limits. Dies entspricht in etwa der Qualität von triple-ζ-Ergebnissen bei konventionellen Rechnungen, die im Schnitt 90% des Basissatzlimits erreichen. Für das 2-Elektronen-System H_2 erhält man sogar 97% des CC2-Basissatzlimits. Die Ergebnisse illustrieren eindrucksvoll, dass Kutzelniggs einfacher Ansatz nicht nur für Helium, sondern auch für Moleküle äußerst gute Ergebnisse liefert — vorausgesetzt, dass ein STG-Korrelationsfaktor verwendet wird.

In Tab. 3.1 sind außerdem CCS(F12)-Rechnungen in einer aug-cc-pVTZ- und aug-cc-pVQZ-Basis einander gegenüber gestellt. Man kann erkennen, dass die Ergebnisse der triple-ζ-Basis nahezu konvergiert sind. Der Grund für die rasche Konvergenz ist die Wahl der explizit korrelierten Paare $\hat{Q}_{12}f(r_{12})\phi_i\phi_j$, welche nur die besetzten Orbitale berücksichtigen. Daher wird auch eine ähnliche Konvergenz wie bei Hartree-Fock erwartet, also eine nahezu vollständige Konvergenz für kleine Moleküle bei triple-ζ-Basen. Unterschiede zwischen den beiden Orbitalbasen lassen sich hauptsächlich auf die Einfach-Anregungen und die unterschiedliche Qualität der RI-Näherung zurückführen.

Jedoch ist die verwendete Geminalbasis weit davon entfernt vollständig zu sein, da bis zu 20% der Korrelationsenergie fehlen. Der verbleibende Rest lässt sich durch Ergänzung der Geminalbasis um unbesetzte Orbitale erhalten. Erst damit decken die Geminale den gesamten Raum der Zweifach-Anregungen ab. Die explizit korrelierten Paare können beispielsweise die Form $\hat{Q}_{12}f(r_{12})\phi_p\phi_q$ annehmen, wobei **p** und **q** die gesamte Orbitalbasis darstellen. Eine solche Vorgehensweise wurde bereits früher eingesetzt, beispielsweise in verwandten (explizit korrelierten) GGn-Methoden [104–107] oder zur Untersuchung angeregter Zustände [108]. In Ref. [108] sind Testrechnungen für Grundzustandsenergien aufgezeigt, aber die Kombination von Ansatz 1 und konventionellen Zweifach-Anregungen zeigte keinen Nutzen der vergrößerten Geminalbasis für Grundzustandsenergien.

3.2.2 Wahl der F12-Amplituden

Im vorangehenden Abschnitt wurden alle Amplituden derart optimiert, dass sie die Coupled-Cluster-Gleichungen lösen. Kutzelniggs ursprüngliche Idee war jedoch, den F12-Amplituden entsprechend der Cusp-Bedingung einen festen Wert zuzuweisen. In diesem Abschnitt erfolgt der Vergleich der beiden Möglichkeiten der Amplitudenwahl.

Die absoluten *fix*-CCS(F12)-Korrelationsenergien sind in Tab. C.3 aufgeführt. Zum Vergleich sind sie ebenfalls als Prozentzahlen (bezogen auf *var*- CCS(F12) mit der Ba-

Tab. 3.1: *var*-CCS(F12)/aug-cc-pVTZ und *var*-CCS(F12)/aug-cc-pVQZ Korrelationsenergien im Vergleich mit Basissatzlimits von CC2 in mE_h. Die Akronyme aVTZ und aVQZ bedeuten aug-cc-pVTZ und aug-cc-pVQZ. [a] Berechnung nach $\frac{\Delta\mathrm{CCS(F12)}}{\Delta\mathrm{CC2^{Limit}}} \cdot 100$.

Molekül	γ^{opt}	ΔCCS(F12) aVTZ	aVQZ	%[a]	ΔCC2^{Limit}
BeH_2	0.50	-64.416	-64.492	95.9	- 67.259
CH_2	0.55	-142.768	-142.887	91.3	-156.550
HF	0.85	-275.012	-273.981	85.5	-320.518
F_2	0.80	-523.508	-523.375	84.6	-618.709
N_2	0.60	-370.434	-370.266	86.6	-427.552
CO	0.65	-350.296	-350.172	85.1	-411.414
$C_2H_3{}^+$	0.60	-286.131	-286.405	90.0	-318.298
NO^+	0.65	-400.493	-400.279	83.8	-477.653
BeO	0.60	-286.422	-286.382	79.0	-362.346
C_2	0.40	-380.353	-380.339	92.4	-411.489
O_3	0.65	-756.153	-755.921	82.7	-914.165
CN^+	0.40	-379.356	-379.222	79.8	-475.431
BN	0.40	-320.348	-320.210	78.9	-405.844
C_2H_2	0.55	-315.188	-315.325	90.0	-350.526
C_2H_4	0.60	-344.859	-344.835	91.8	-375.738
CH_4	0.60	-204.839	-205.030	93.1	-220.195
CO_2	0.65	-599.295	-599.203	85.3	-702.214
H_2	0.50	-33.376	-33.368	97.2	-34.329
H_2O	0.75	-263.385	-263.068	86.9	-302.710
H_2O_2	0.70	-497.592	-497.584	86.3	-576.333

sis aug-cc-pVTZ in Tab. 3.1) angegeben. Der Exponent γ wurde für jedes Molekül und beide Methoden unabhängig optimiert.

Deutlich zu erkennen sind die sehr kleinen Unterschiede zwischen den beiden Methoden. Trotz festgehaltener Amplituden erreicht man 92 bis 99% der *var*-Korrelationsenergie. Das Ergebnis ist aus zwei Gründen besonders hervorzuheben: Zum einen stellt der Exponent des Korrelationsfaktors den *einzigen* Parameter für die Zweifach-Anregungen dar, zum anderen sei daran erinnert, dass die explizit korrelierten Paare nur zur Verbesserung der nahen Umgebung des interelektronischen Cusps eingeführt wurden. Umso bemerkenswerter ist die Tatsache, dass große Anteile der weitreichenden Form qualitativ richtig beschrieben werden. Um darüber hinaus eine quantitative Beschreibung zu erhalten, könnte man nicht-symmetrische Korrelationsfaktoren verwenden.

Einzig für das C_2-Molekül werden mit festen Amplituden signifikant schlechtere Korrelationsenergien beobachtet. Hier beträgt der Unterschied 25% (96.636 mE_h). Dies reflektieren ebenfalls die optimierten STG-Exponenten γ. In allen anderen Fällen änderte sich das optimierte γ nur wenig von *var*-CCS(F12) zu *fix*-CCS(F12). Bei C_2 hingegen steigt der optimale Exponent von 0.40 auf 0.65 a_0^{-1}. Erstaunlicherweise ändert sich beim Molekül BN der Exponent ebenfalls drastisch; für die unterschiedliche Wahl der Amplituden beträgt der Unterschied in der Korrelationsenergie jedoch nur wenige Prozent. Es kann ein Hinweis darauf sein, dass bei C_2 Multireferenz-Methoden eingesetzt werden müssen.

3.2.3 γ-Abhängigkeit

Im Folgenden wird die γ-Abhängigkeit der Korrelationsenergie anhand der Moleküle HF und C_2 diskutiert. Hierzu erfolgt die Berechnung der Korrelationsenergien beider Moleküle in der Basis aug-cc-pVTZ für verschiedene Werte von γ. Die erhaltenen Ergebnisse für die *fix*- und *var*-Methode sind graphisch in Abb. 3.1 und Abb. 3.2 dargestellt.

Üblicherweise beträgt der Exponent (abhängig von der Basis) etwa 1.3 a_0^{-1} in explizit korrelierten Rechnungen für leichte Atome. Die optimierten STG-Exponenten γ für *var*-CCS(F12) bewegen sich um 0.7 a_0^{-1}, so dass die Geminalbasis mit diesem verkleinerten Exponenten erwartungsgemäß eher diffusen Charakter annimmt. Es wird beobachtet, dass bei CCS(F12) die γ-Abhängigkeit ohne konventionelle Amplituden viel stärker ist. Für HF ist die *var*-Methode relativ unabhängig von der Wahl des Exponenten, wobei die Methode der festen Amplituden eine starke Abhängigkeit zeigt. Bei C_2 hingegen weisen die *var*- und *fix*-Methoden ähnliche Abhängigkei-

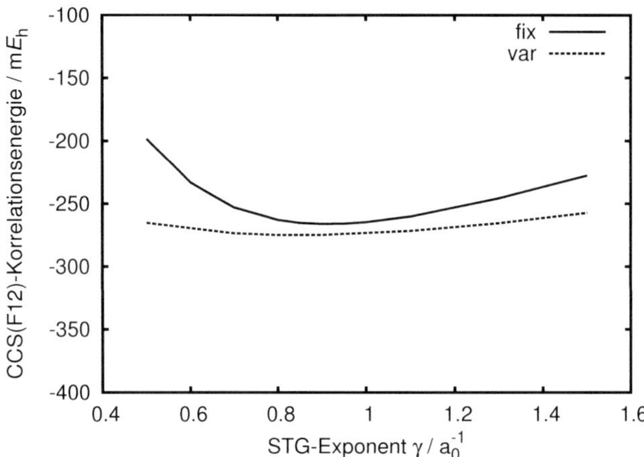

Abb. 3.1: CCS(F12)/aug-cc-pVTZ Korrelationsenergien für HF in mE_h für verschiedene Werte des STG-Exponenten γ.

ten auf. Beim Vergleich von HF und C_2 zeigt die Methode der festen Amplituden eine verringerte, die *var*-Methode eine stärkere Abhängigkeit für C_2.

3.2.4 Einfluss des Korrelationsfaktors

Nach der genauen Untersuchung eines bestimmten Korrelationsfaktors sollen nun eine Reihe alternativer Korrelationsfaktoren betrachtet werden [80]. Ergebnisse für das Molekül HF sind in Tab. C.4 zusammengestellt.

Der ursprünglich lineare R12-Ansatz liefert vergleichsweise schlechte Ergebnisse mit CCS(F12). Das überrascht wenig, da der lineare Korrelationsfaktor eingeführt wurde, um den kurzen Bereich um den Koaleszenzpunkt von zwei Elektronen zu beschreiben. Für große interelektronische Abstände erreicht man damit eine falsche Beschreibung der Wellenfunktion, welche durch die konventionellen Anregungen kompensiert werden muss.

Ferner wurden die Korrelationsfaktoren $f(r_{12}) = r_{12} \cdot \exp(-\gamma r_{12})$ sowie $f(r_{12}) = r_{12} \cdot \mathrm{erfc}(\gamma r_{12})$ für verschiedene Werte des freien Parameters γ getestet. Dabei zeigte sich, dass keiner der beiden Faktoren das Ergebnis verbessern kann, das man mit dem STG-Korrelationsfaktor erhält. Durch Optimierung des freien Parameters

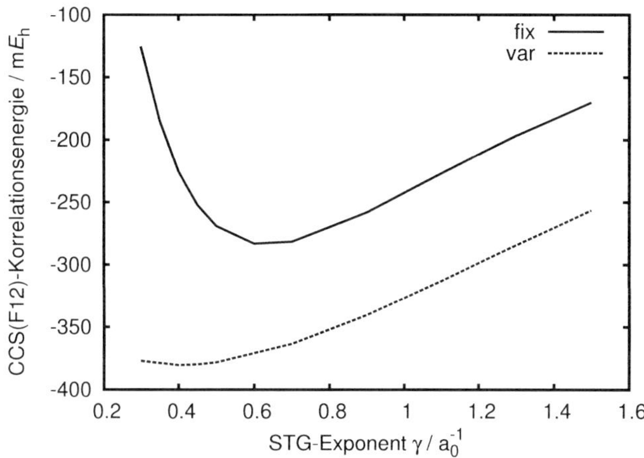

Abb. 3.2: CCS(F12)/aug-cc-pVTZ Korrelationsenergien für C_2 in mE_h für verschiedene Werte des STG-Exponenten γ.

können jedoch vergleichbare Ergebnisse berechnet werden. Die optimalen Werte von γ für die beiden Korrelationsfaktoren sind viel kleiner als die des optimalen STG-Exponenten. Der Vergleich der quadratischen und kubischen r_{12}-Terme in der Taylor-Entwicklung erklärt diese Beobachtung. Denkbar ist, dass die Beiträge dieser Korrelationsfaktoren die Korrelation für große interelektronische Abstände nicht besser beschreiben, sondern sie sogar verschlechtern. Insgesamt konnte somit gezeigt werden, dass die durch Gauß-Funktionen genäherte Slater-Funktion auch für CCS(F12) den effizientesten Korrelationsfaktor darstellt.

3.2.5 Untersuchungen von Reaktionen: Energiedifferenzen

Die Reaktionsenergien für CCS(F12) wurden aus den Werten aus Tab. C.3 (Basis: aug-cc-pVTZ) berechnet. Die Ergebnisse für den Korrelationsbeitrag (ebenfalls unter Verwendung der Frozen-Core-Näherung) sind in Tab. 3.2 zusammengestellt. Man beachte, dass die Beiträge der zugrundeliegenden Hartree-Fock-Rechnungen nicht angegeben sind, da im Rahmen dieser Untersuchung von Interesse ist, inwieweit Genauigkeit verloren geht, wenn man vom CC2-Modell zum CCS(F12)-Modell übergeht.

Tab. 3.2: Korrelationsbeiträge zur Reaktionsenergie für verschiedene Coupled-Cluster-Methoden und Basissätze in mE_h.

Reaktion	ΔCCS(F12)		ΔCC2		
	fix	*var*	aVDZ	aVTZ	aVQZ
$C_2H_2 + H_2 \rightarrow C_2H_4$	1.17	3.71	12.65	8.50	7.37
$H_2O_2 + H_2 \rightarrow 2H_2O$	0.67	4.20	11.18	5.94	3.99
$CH_4 + 4H_2O_2 \rightarrow CO_2 + 6H_2O$	1.90	15.60	7.31	10.24	8.21

Unabhängig von der Wahl der Amplituden weichen die mit CCS(F12) erhaltenen Werte deutlich von den CC2-Beiträgen ab. Die in den vorangegangenen Abschnitten gezeigten Ergebnisse lassen erkennen, dass CCS(F12) keine homogene Beschreibung der Korrelationsenergien liefert. Genau diese Inhomogenität von 85% (CO_2) bis 97% (H_2) verglichen mit dem Basissatzlimit von CC2 ist der Grund für die äußerst großen Abweichungen der Energiedifferenzen, da verschiedene Moleküle sehr unterschiedliche Fehler in den Korrelationsenergien aufweisen. So betrachtet sind die konventionellen Zweifach-Anregungen ein äußerst wichtiger Teil der F12-Methoden, ohne den chemische Fragestellungen nicht mit der erforderlichen Genauigkeit untersucht werden können.

3.3 Anmerkungen

Nahezu alle Schlüsselkomponenten moderner F12-Methoden lassen sich auf Kutzelniggs wegweisende Veröffentlichung von 1985 zurückführen. Er konnte zeigen, dass die korrekte Beschreibung des interelektronischen Cusps in erster Ordnung eine fundamental beschleunigte Konvergenz zum Basissatzlimit zur Folge hat. Außerdem löste er durch Einführung von RI das Problem der vielen teuren Mehrelektronen-Integrale.

Führt man analoge Berechnungen mit CCS(F12) für Moleküle durch, können 80 bis 95% der CC2-Basissatzlimits erhalten werden. Als negativ zu bewerten ist jedoch die breite Streuung der Ergebnisse mit 15% Differenz sowie die Unterschiede der optimalen Werte für den Exponenten γ.

Neben den vorgestellten Untersuchungen ist beispielsweise die Erweiterung auf die Methode nach Brueckner denkbar. Durch Rotation der Orbitale verschwinden hierbei die Einfach-Anregungen einer gegebenen Coupled-Cluster-Wellenfunktion

Tab. 3.3: Elektronische Energien des Helium-Atoms (in E_h) mit aVTZ Orbitalbasis und aVQZ als CABS.

γ	CCS(F12)	B(F12)
0.70	-2.896 234	-2.896 174
0.75	-2.896 270	-2.896 203
0.80	-2.896 267	-2.896 193

(s. Anhang). Beispielsweise ist die zu CCSD analoge BD-Methode in der Literatur seit langem bekannt [109–112]. Im Rahmen der vorliegenden Arbeit wurde ausgehend von CCS(F12) erstmals die B(F12)-Methode implementiert. Da gezeigt wurde, dass die BD-Methode keine verbesserte Beschreibung für Multireferenz-Moleküle liefert, sondern eher gebrochene Symmetrien erfasst werden, wird für die hier betrachteten Moleküle (bis auf das Ozon-Molekül) kein verbessertes Ergebnis durch den Übergang von CCS(F12) zu B(F12) erwartet. Bestätigt wird dies durch numerische Beispielrechnungen am He-Atom, siehe Tab. 3.3. Auch die qualitative Aussage bleibt gegenüber CCS(F12) unverändert.

Insgesamt zeigen die CCS(F12)-Ergebnisse eine große Redundanz von konventionellen und explizit korrelierten Zweifach-Anregungen auf. Möglich wäre die Verwendung kleinerer virtueller Orbitalräume oder „optimierter" virtueller Orbitale – denkbar ist eine gezielte Auswahl nach Almlöfs Dual-Basis-Ansatz [95, 108, 113]. Darüber hinaus erklären die Ergebnisse, warum es möglich ist, Energien nahe am Basissatzlimit zu erhalten, obwohl eine vergleichsweise kleine Orbitalbasis verwendet wird.

4. Der Gradient für RI-MP2-F12

In Kap. 2 wurden die Gleichungen und die im Rahmen dieser Arbeit getroffenen Näherungen für explizit korrelierte Störungstheorie und CABS-Singles vorgestellt. In diesem Kapitel wird der vollständige Energieausdruck

$$E \;=\; E_{\mathrm{SCF}} + E_{\Delta\mathrm{MP2}} + E_{\Delta\mathrm{F12}} + E_{\Delta s} \tag{4.1}$$

bezüglich Kernverrückungen im Formalismus der zweiten Quantisierung abgeleitet. Insbesondere wird hierbei auf die Methode nach Lagrange eingegangen. Anschließend erfolgt die Anwendung auf die Störungstheorie zweiter Ordnung und die Berechnung der Lagrange-Multiplikatoren. Abschließend werden die Gradientenbeiträge im Detail vorgestellt, wobei für die Ableitungen der 2-Elektronen-Integrale auf das robuste Density-Fitting zurückgegriffen wird.

4.1 Theorie analytischer Gradienten

4.1.1 Metrik

Die in den vorhergehenden Kapiteln hergeleiteten Gleichungen sind für kanonische Hartree-Fock-Orbitale bei festgelegter Geometrie x_0 gültig. Bei Verrückung der Atome zur neuen Geometrie x und Verwendung der alten Orbitalkoeffizienten $\mathbf{C}(x_0)$ ist aufgrund der fehlenden Orthonormierung der Molekülorbitale wegen der veränderten Metrik der zugrundeliegenden Gauß-Basisfunktionen die Verwendung von OMOs mit den entsprechenden Orbitalkoeffizienten $\tilde{\mathbf{C}}$ notwendig (vgl. Kap. 2):

$$\left[\mathbf{S}^{-\frac{1}{2}}(x)\mathbf{S}(x)\mathbf{S}^{-\frac{1}{2}}(x)\right]_{pq} = \delta_{pq} \qquad \Rightarrow \qquad \tilde{\mathbf{C}}_{x_0}(x) = \mathbf{C}(x_0)\,\mathbf{S}^{-\frac{1}{2}}(x). \tag{4.2}$$

Obwohl die OMOs aus den Hartree-Fock-Orbitalen der Referenzgeometrie x_0 gebildet werden, stellen sie nicht die gewünschte HF-Lösung $|\mathrm{HF}(x)\rangle$ für die neue Geometrie dar. Man erhält $|\mathrm{HF}(x)\rangle$ durch eine unitäre Rotation, welche üblicherweise als Exponentialfunktion eines anti-hermiteschen Operators (hier: κ) formuliert wird:

$$|\text{HF}(x)\rangle = \exp(-\kappa)\left|\text{SD}[\tilde{\mathbf{C}}_{x_0}(x)]\right\rangle = \exp(-\kappa)|\widetilde{\text{HF}}_{x_0}(x)\rangle\,. \tag{4.3}$$

Damit ist eine Verknüpfung geschaffen zwischen den Hartree-Fock-Orbitalen der Referenzgeometrie x_0 (Referenzorbitale) und der Hartree-Fock-Lösung für eine neue Geometrie x, so dass sich die beiden ineinander umrechnen lassen. Die Referenzdeterminante $|\widetilde{\text{HF}}_{x_0}(x)\rangle$ ist so gewählt, dass für das ungestörte System $\kappa = 0$ gilt. Beispielsweise lautet der bei jeder Geometrie gültige Ausdruck für die HF-Energie:

$$E_{\text{SCF}} = \langle\widetilde{\text{HF}}_{x_0}(x)|\exp(\kappa)\,\hat{H}(x)\,\exp(-\kappa)|\widetilde{\text{HF}}_{x_0}(x)\rangle\,. \tag{4.4}$$

Durch die spezielle Form der F12-Anregungen beschränkt sich die Geometrieabhängigkeit nicht ausschließlich auf den Hamilton-Operator, sondern liegt auch in den F12-Beiträgen vor [114].

4.1.2 Die Methode nach Lagrange

In Kap. 2 wurde bereits die Methode nach Lagrange verwendet, um die variationelle Bestimmung der Amplituden für die Energieberechnung zu erleichtern. Die folgende Herleitung verwendet die Methode nach Lagrange, um die Ableitung eines beliebigen Energieausdrucks zu bilden. Sie kann auf alle nicht-variationellen Wellenfunktionen angewendet werden [115].

In den Energieerwartungswert sollen sowohl die MO-Rotationen κ als auch die übrigen Parameter $\lambda_1, ..., \lambda_n$ einer Wellenfunktion eingehen, wobei alle Parameter symbolisch zur Größe $\Lambda = \kappa, \lambda_1, \cdots, \lambda_n$ zusammengefasst werden. Daher sieht die Ableitung des Energieerwartungswertes E nach einem beliebigen Parameter χ wie folgt aus:

$$\frac{\mathrm{d}E(\Lambda)}{\mathrm{d}\chi} = \frac{\partial E(\Lambda)}{\partial\chi} + \left(\frac{\partial E(\Lambda)}{\partial\kappa}\right)\left(\frac{\partial\kappa}{\partial\chi}\right) + \sum_i \left(\frac{\partial E(\Lambda)}{\partial\lambda_i}\right)\left(\frac{\partial\lambda_i}{\partial\chi}\right)\,. \tag{4.5}$$

Im Allgemeinen sind Wellenfunktionen (MP2, CC, CI) nicht im Minimum bezüglich ihrer Orbitalkoeffizienten. Beim Ableiten stellt sich das Problem, dass die partiellen Ableitungen der MO-Rotationen nach der Störung unbekannt sind und damit nicht ohne Aufwand berechnet werden können. Daher greift man auf die Methode nach Lagrange zurück, bei der die Ableitung unter den Nebenbedingungen $e(\Lambda)$ durchgeführt wird:

$$L(\Lambda,\bar{\zeta}) = E(\Lambda) + \bar{\zeta}e(\Lambda)\,, \tag{4.6}$$

$$e(\Lambda) = 0\,. \tag{4.7}$$

Da nach Konstruktion $e(\Lambda) = 0$ gewährleistet ist, gilt stets $L(\Lambda, \bar{\zeta}) = E(\Lambda)$, unabhängig vom Wert der Multiplikatoren $\bar{\zeta}$. Die so gewonnene Freiheit ermöglicht es, die Multiplikatoren derart zu wählen, dass das Lagrange-Funktional stationär bezüglich der Orbitalkoeffizienten wird:

$$\frac{\partial L(\Lambda, \bar{\kappa})}{\partial \kappa} \overset{!}{=} 0 . \tag{4.8}$$

Diese spezielle Wahl von $\bar{\zeta}$ wird in Anlehnung an die Orbitalrotationen κ mit $\bar{\kappa}$ bezeichnet. Damit kann die Ableitung bezüglich jedes Parameters χ geschrieben werden als

$$\frac{\mathrm{d}L(\Lambda, \bar{\kappa})}{\mathrm{d}\chi} = \frac{\partial L(\Lambda, \bar{\kappa})}{\partial \chi} + \underbrace{\left(\frac{\partial L(\Lambda, \bar{\kappa})}{\partial \kappa}\right)}_{=0} \left(\frac{\partial \kappa}{\partial \chi}\right) \tag{4.9}$$

$$= \frac{\partial E(\Lambda)}{\partial \chi} + \frac{\partial \bar{\kappa}}{\partial \chi} \underbrace{e(\Lambda)}_{=0} + \bar{\kappa}\frac{\partial e(\Lambda)}{\partial \chi} . \tag{4.10}$$

Erzielt wird die Formulierung jeder totalen Ableitung im Rahmen von partiellen Ableitungen, jedoch müssen für Ableitungen im Gegensatz zur Energie die Lagrange-Multiplikatoren bekannt sein, siehe Gl. (4.10). Diese können durch Ableiten nach den Orbitalrotationen berechnet werden:

$$\frac{\mathrm{d}L(\Lambda, \bar{\kappa})}{\mathrm{d}\kappa} = \frac{\partial E(\Lambda)}{\partial \kappa} + \bar{\kappa}\frac{\partial e(\Lambda)}{\partial \kappa} \overset{!}{=} 0 . \tag{4.11}$$

Im Folgenden soll die Ableitung stets an der Referenzgeometrie x_0 ausgewertet werden.

4.1.3 Die Nebenbedingungen im Fall quantenchemischer Methoden

Die Methode nach Lagrange findet im Rahmen quantenchemischer Methoden unter anderem für die Berechnung der Veränderung der MO-Koeffizienten Verwendung. Da es sich bei der Referenzwellenfunktion meist um Hartree-Fock handelt, muss im Rahmen der Ableitung gewährleistet werden, dass die Molekülorbitale stets eine Hartree-Fock-Lösung darstellen.

Eine mögliche Nebenbedingung ist daher die Forderung nach der Diagonalgestalt der Fock-Matrix [51, 116–118]

$$F_{pq} = \frac{1}{2} \sum_{\sigma} \langle \mathrm{SD}|[a^{+}_{p_\sigma}, [a_{q_\sigma}, \hat{H}]]_{+}|\mathrm{SD}\rangle . \tag{4.12}$$

Da diese kanonische Bedingung jedoch zu numerischen Instabilitäten führt [115], wird die schwächere Brillouin-Bedingung verwendet, die das Verschwinden des besetzt-virtuellen Blocks der Fock-Matrix fordert. Daher lautet der Ausdruck für die Lagrange-Multiplikatoren:

$$0 = \bar{\kappa}e(\Lambda) \equiv \sum_{Ia} \bar{\kappa}_{Ia} F_{Ia}(x) \tag{4.13}$$

$$= \sum_{Ia} \bar{\kappa}_{Ia} \frac{1}{2} \sum_{\sigma} \langle \widetilde{\mathrm{HF}}_{x_0} | [a_{I_\sigma}^+, [a_{a_\sigma}, e^\kappa \hat{H}(x) e^{-\kappa}]]_+ | \widetilde{\mathrm{HF}}_{x_0} \rangle . \tag{4.14}$$

Die Orbitalrotationen nehmen im Rahmen der zweiten Quantisierung folgende Gestalt an [51]:

$$\kappa = \sum_{p>q} \left(E_q^p - E_p^q \right) \kappa_{pq} = \sum_{p>q} E_{pq}^- \kappa_{pq} . \tag{4.15}$$

Für ein beliebiges Matrixelement $\langle pq | e^\kappa o_{12} e^{-\kappa} | rs \rangle$ gilt demnach für die Ableitung nach κ:

$$\frac{\partial}{\partial \kappa_{tu}} \langle pq | e^\kappa o_{12} e^{-\kappa} | rs \rangle \bigg|_{x=x_0} = \langle pq | [E_{tu}^-, o_{12}] | rs \rangle . \tag{4.16}$$

Die Bestimmungsgleichungen der Lagrange-Multiplikatoren gemäß Gl. (4.11) werden in der Quantenchemie als CPHF- oder Z-Vektor-Gleichung bezeichnet.

4.1.4 Der Gradient für MP2

Für die Berechnung der Gradienten bezüglich Kernverrückungen kann in Gl. (4.10) eingesetzt werden:

$$\frac{\mathrm{d}L}{\mathrm{d}x} = \frac{\partial L}{\partial x} = L^{[x]} = E_{\mathrm{SCF}}^{[x]} + E_{\Delta\mathrm{MP2}}^{[x]} + E_{\Delta\mathrm{F12}}^{[x]} + E_{\Delta\mathrm{s}}^{[x]} + \sum_{Ia} \bar{\kappa}_{Ia} F_{Ia}^{[x]}(x) . \tag{4.17}$$

Das hochgestellte $^{[x]}$ bezeichnet die partiellen Ableitungen bezüglich der Kernkoordinaten. Per Konstruktion verschwindet die Ableitung der MO-Koeffizienten und der Multiplikatoren. Im Folgenden werden die Beiträge ΔMP2 und ΔF12 oft zusammengefasst und als ΔMP2F12 bezeichnet.

4.1.5 Berechnung des Dipolmoments

Aufgrund der Postulate der Quantenmechanik sind Dipolmomente als einfache Erwartungswerte der Wellenfunktion zu berechnen [119], was durch das Hellmann-Feynman-Theorem bestätigt wird [120, 121]. Letzteres gilt aber nicht allgemein für genäherte Wellenfunktionen, sondern nur für wenige Ausnahmen, beispielsweise für die Hartree-Fock-Theorie in einer vollständigen Basis [122, 123]. Daher verwendet man zur Berechnung des Dipolmoments den gestörten Hamilton-Operator in erster Ordnung:

$$\hat{H}(\vec{\epsilon}) \;=\; \hat{H} + \hat{\vec{\mu}} \cdot \vec{\epsilon}. \tag{4.18}$$

Das Dipolmoment ergibt sich in dieser Formulierung als Gradient [124] bezüglich des elektrischen Feldes $\vec{\epsilon}$:

$$\langle \vec{\mu} \rangle = \frac{\partial L(\epsilon)}{\partial \vec{\epsilon}} \;=\; \langle \mathrm{HF} | \hat{H}^{[\epsilon]} | \mathrm{HF} \rangle + E^{[\epsilon]}_{\Delta\mathrm{MP2}} + \sum_{la} \bar{\kappa}_{la} F^{[\epsilon]}_{la}(x) \tag{4.19}$$

$$=\; \langle \mathrm{HF} | \hat{\vec{\mu}} | \mathrm{HF} \rangle + E^{[\epsilon]}_{\Delta\mathrm{MP2}} + \sum_{la} \bar{\kappa}_{la} F[\vec{\mu}]_{la} \tag{4.20}$$

$$=\; \sum_{I} \vec{\mu}_{II} + E^{[\epsilon]}_{\Delta\mathrm{MP2}} + \sum_{la} \bar{\kappa}_{la} \vec{\mu}_{la} . \tag{4.21}$$

Die Berechnung der Terme folgt im weiteren Verlauf der Arbeit. Zur Einführung der Notation wird das Ergebnis bereits an dieser Stelle verwendet. Liegen keine eingefrorenen Orbitale vor, lässt sich der Ausdruck für MP2 umformen zu:

$$\langle \vec{\mu} \rangle = \frac{\partial L(\epsilon)}{\partial \vec{\epsilon}} \;=\; \sum_{ij} D^{\mathrm{SCF}}_{ij} \vec{\mu}_{ij} + \sum_{ij} D^{F}_{ij} \vec{\mu}_{ij} + \sum_{ab} D^{F}_{ab} \vec{\mu}_{ab} + \sum_{ia} \bar{\kappa}_{ia} \vec{\mu}_{ia} . \tag{4.22}$$

Bei dem ersten Term handelt es sich um den SCF-Beitrag mit der Hartree-Fock-Dichtematrix $\mathbf{D}^{\mathrm{SCF}}$, alle weiteren ergeben sich durch Verwendung der Störungstheorie. Der letzte Term beschreibt, in welchem Maß sich die MP2-Energie durch Verwendung einer neuen Hartree-Fock-Lösung, also durch Orbitalrotationen, ändert. Somit wird in diesem Zusammenhang bei $\mathbf{D}^{F}$ vom unrelaxierten Korrelationsbeitrag gesprochen. Alle Terme können zu einer Matrix zusammengefasst werden, welche als relaxierte MP2-Dichtematrix bezeichnet wird. In der Regel werden jedoch nur die Korrelationsbeiträge zur relaxierten (Korrelations-) Dichtematrix $\mathbf{D}^{\mathrm{eff}}$ zusammengefasst, zu welcher ggf. auch der Beitrag eingefrorener Orbitale $I^{\star}$, $J^{\star}$ eingegliedert wird:

$$\vec{\mu} \;=\; \sum_{IJ} D^{\mathrm{SCF}}_{IJ} \vec{\mu}_{IJ} + \sum_{pq} D^{\mathrm{eff}}_{pq} \vec{\mu}_{pq} , \tag{4.23}$$

$$\mathbf{D}^{\mathrm{eff}} \;=\; \left(\begin{array}{c|c|c} 0 & D^{F}_{I^{\star}j} & \bar{\kappa}_{I^{\star}b} \\ \hline D^{F}_{iJ^{\star}} & D^{F}_{ij} & \bar{\kappa}_{ib} \\ \hline \bar{\kappa}_{aJ^{\star}} & \bar{\kappa}_{aj} & D^{F}_{ab} \end{array} \right) . \tag{4.24}$$

Da anstelle des Hellmann-Feynman-Theorems die Methode der Ableitungen verwendet wird, ist die Berechnung der Eigenschaften eng mit der des Gradienten verknüpft, so dass die hier eingeführte Dichte auch im Rahmen der Gradienten eingesetzt wird (siehe dort).

4.2 Vorüberlegungen zu MP2-F12-Gradienten

In der vorliegenden Arbeit soll nicht das vollständige MP2-Hylleraas-Funktional in Gl. (2.30) betrachtet, sondern Vereinfachungen vorgenommen werden. Eine häufig durchgeführte Näherung für Energieberechnungen besteht in der Vernachlässigung der im Rahmen von Ansatz 3 sehr kleinen Kopplungsterme von explizit korrelierten und konventionellen Zweifach-Anregungen. Im Allgemeinen ist die Kopplung bereits für kleine Basissätze gering und sie verschwindet bei Annahme des erweiterten Brillouin-Theorems. Dieses besagt, dass die virtuellen Orbitale Eigenfunktionen des Fock-Operators sind. Da für diese Kopplungsbeiträge ebenfalls sehr kleine Gradientenbeiträge erwartet werden, stehen die Korrekturen in keinem Verhältnis zu dem Aufwand, der zu ihrer Berechnung notwendig ist.

Zu Beginn der modernen MP2-R12-Theorie wurde von Klopper *et al.* vorgeschlagen, nicht alle Beiträge zu berechnen, sondern sich auf wenige zu beschränken (Standardnäherung A [74]), siehe Kap. 2. Der Vorteil einer geringen Anzahl an Termen, der schon bei der Energieberechnung klare Einsparungen bringt, zeigt sich bei Gradienten noch deutlicher. Da sich für Energien keine wesentlichen Nachteile ergeben und auch Energiedifferenzen gut berechnet werden können, soll diese Näherung für Gradienten untersucht werden.

In Kap. 6.1 werden numerische Geometrieoptimierungen vorgestellt, welche unterschiedliche Näherungen vergleichen und die hier getroffenen Annahmen stützen. Die trotz der Näherungen erhaltene hohe Genauigkeit am Basissatzlimit kann auf die Verwendung von Ansatz 3 mit CABS und dem nicht-linearen Slater-Typ-Korrelationsfaktor (STG-6G) zurückgeführt werden.

Die Kombination der Näherungen wird im Akronym RI-MP2-F12/3*A-[T+V] zusammengefasst. Das zugehörige Funktional lautet in der geometrieunabhängigen

Form:

$$
\begin{aligned}
L \;\overset{A}{=}\; & \langle \widetilde{\mathrm{HF}}_{x_0}(x) | e^{\kappa} \hat{H}(x) e^{-\kappa} | \widetilde{\mathrm{HF}}_{x_0}(x) \rangle + E_{\Delta\mathrm{MP2}} \\
& + 2 \sum_{ij} \sum_{\mathbf{kl}} d_{ij}^{\mathbf{kl}} \langle \tilde{\mathbf{k}}_{x_0} \tilde{\mathbf{l}}_{x_0} | e^{\kappa} f_{12} e^{-\kappa} \tilde{Q}_{12} e^{\kappa} g_{12} e^{-\kappa} | \tilde{i}_{x_0} \tilde{j}_{x_0} \rangle \\
& + \frac{1}{2} \sum_{\mathbf{kl}} \sum_{\mathbf{mn}} e_{\mathbf{kl}}^{\mathbf{mn}} \langle \tilde{\mathbf{k}}_{x_0} \tilde{\mathbf{l}}_{x_0} | e^{\kappa} \left(f_{12} e^{-\kappa} \tilde{Q}_{12} e^{\kappa} \tilde{t}_{12} + \tilde{t}_{12} e^{-\kappa} \tilde{Q}_{12} e^{\kappa} f_{12} \right) e^{-\kappa} | \tilde{\mathbf{m}}_{x_0} \tilde{\mathbf{n}}_{x_0} \rangle \\
& + \sum_{Ia} \bar{\kappa}_{Ia} F_{Ia}(x) \, .
\end{aligned}
\tag{4.25}
$$

Die Tilde zeigt an, dass die Orbitale in der OMO-Basis ausgedrückt werden, vgl. Gl. (2.9):

$$
|\tilde{i}_{x_0}\rangle \;=\; \sum_p |p_{x_0}\rangle [\mathbf{S}^{-1/2}(x)]_{p_{x_0} i_{x_0}}
\tag{4.26}
$$

Entsprechend handelt es sich bei $\tilde{Q}_{12}$ und $\tilde{t}_{12}$ um die Operatoren $\hat{Q}_{12}$ und t_{12} aus Gl. (2.54) und (2.53), bei denen alle enthaltenen Orbitale in die neue Basis zu transformieren sind. Analog zu Gl. (4.3) deutet der Index x_0 an, dass es sich um Hartree-Fock-Orbitale der Referenzgeometrie handelt. Aus Gründen der Lesbarkeit wird im Folgenden jedoch auf diesen Index verzichtet.

Gemäß Gl. (4.17) werden in den folgenden Unterkapiteln die verschiedenen Beiträge betrachtet und die einzelnen Terme, welche sich beispielsweise im Rahmen der Reorthonormierung ergeben, diskutiert. Ziel der Arbeit ist die Berechnung des Gradienten des Funktionals an der Referenzgeometrie

$$
\left. \frac{\mathrm{d}L}{\mathrm{d}x} \right|_{x=x_0} ,
\tag{4.27}
$$

für den alle im Folgenden vorgestellten Beiträge aufaddiert werden müssen.

4.2.1 Behandlung einzelner Beiträge

Die Überlappungsmatrix

Für die Ableitungen der Überlappungsmatrix werden die Überlappungsmatrizen zunächst in einer Taylor-Reihe um die Referenzgeometrie entwickelt [115, 125, 126], z.B.:

$$
\mathbf{S}^{-1/2}(x) = \mathbf{S}^{-1/2}(x_0 + \Delta x) \;=\; \mathbf{S}^{-1/2}(x_0) - \frac{1}{2} \mathbf{S}^{[x]}(x_0) \Delta x + \cdots .
\tag{4.28}
$$

Das Verfahren ermöglicht die Bestimmung der Ableitung bis zu beliebigen Ordnungen. Für den Gradient genügt:

$$\left.\frac{\partial \mathbf{S}^{-1/2}(x)}{\partial x}\right|_{x=x_0} = -\frac{1}{2}\mathbf{S}^{[x]}(x_0)\,. \tag{4.29}$$

Durchgeführt für alle Indizes einer Größe in der MO-Basis ergeben sich beispielsweise für den Operator g_{12} folgende, bei der Reorthonormierung beitragenden Terme:

$$\left.\langle \tilde{p}\tilde{q}|g_{12}|\tilde{r}\tilde{s}\rangle^{[x]}\right|_{x=x_0} \leftarrow -\frac{1}{2}\sum_z \Big(S_{pz}^{[x]}(x_0)\,\langle zq|g_{12}|rs\rangle + S_{qz}^{[x]}(x_0)\,\langle pz|g_{12}|rs\rangle$$

$$+ S_{rz}^{[x]}(x_0)\,\langle pq|g_{12}|zs\rangle + S_{sz}^{[x]}(x_0)\,\langle pq|g_{12}|rz\rangle \Big) \tag{4.30}$$

$$= -\frac{1}{2}\left\{\mathbf{S}^{[x]}(x_0), g_{12}\right\}_{pqrs} \tag{4.31}$$

Auf die Beiträge zur Ableitung der Integralmatrizen wird an dieser Stelle nicht eingegangen (hier angedeutet durch „$\leftarrow$").

Projektionsoperatoren

Formal erhält jedes Orbital den Faktor $\mathbf{S}^{-1/2}$. Im Spezialfall einer Projektion werden jeweils zwei Faktoren zusammengefasst und es resultiert der Exponent -1:

$$\tilde{P}(x) = \sum_p |\tilde{p}\rangle\langle\tilde{p}| = \sum_{pq} |p\rangle[\mathbf{S}^{-1}(x)]_{pq}\langle q|\,. \tag{4.32}$$

Dies gilt für alle Projektionen, die über einen gesamten Satz laufen, nicht aber für z.B. $\hat{O}$ oder $\hat{V}$. Jeder der aufgespannten Räume ist darüber hinaus unabhängig von der Rotation besetzter oder virtueller Orbitale. Die Transformation $\exp(\kappa)$ ist aufgrund der Äquivalenz der aufgespannten Räume jeder OMO-Version der AOs unnötig. Dies gilt für alle verwendeten Projektionen, unabhängig davon, ob es sich um die [T+V]-Näherung oder CABS-Singles handelt.

Ansatz 1

Ziel der vorliegenden Arbeit ist die Implementierung von Ansatz 3. Für manche Beiträge stellt sich jedoch heraus, dass eine Aufteilung vorteilhaft ist, bei der zunächst Terme von Ansatz 1 berechnet und dann um Terme von Ansatz 3 ergänzt werden. Tauchen explizit Formeln für Ansatz 1 auf, so sind diese stets auf die nützliche Separation zurückzuführen.

Ansatz 3

Für die Herleitung der Gradienten kann nicht von der vereinfachten Form von $\hat{Q}_{12}$ (siehe Gl. (2.56) in Kap. 2) ausgegangen werden, da diese die Orthonormiertheit von MOs und CABS bereits ausnutzt. Da diese Eigenschaft im Rahmen des Metrikwechsels bei Gradienten nicht mehr gegeben ist, müssen die RI-genäherten Projektionsoperatoren (siehe Gl. (2.54) in Kap. 2) eingesetzt werden. Eine Alternative hierzu ist die Einführung zusätzlicher Lagrange-Multiplikatoren, welche die Orthonormalität von Orbitalbasis und CABS fordern.

Darüber hinaus kann der Projektionsoperator aus verschiedenen Termen aufgebaut werden. Der Operator soll wann immer möglich geschrieben werden als Gl. (2.56). Damit liefern nur die beiden mittleren Terme Zusatzbeiträge im Vergleich zu Ansatz 1, welche im Folgenden als „innere" Beiträge bezeichnet werden (nicht zu verwechseln mit dem Begriff der „inneren Ableitung"). Speziell bei der Berechnung der rechten Seite der Z-Vektor-Gleichung weist diese Unterteilung Vorteile auf.

4.2.2 Erweiterung auf UHF

Die Orbitalrotationen sind für eine UHF-Referenzwellenfunktion wie folgt parametrisiert:

$$\exp(\kappa) \;=\; \exp(\kappa_\beta)\exp(\kappa_\alpha) = \exp(\kappa_\alpha)\exp(\kappa_\beta) \tag{4.33}$$

$$=\; \exp\left(\sum_{p_\alpha>q_\alpha}(a^\dagger_{p_\alpha}a_{q_\alpha}-a^\dagger_{q_\alpha}a_{p_\alpha})\kappa_{p_\alpha q_\alpha}\right)$$
$$\cdot\exp\left(\sum_{p_\beta>q_\beta}(u^\dagger_{p_\beta}u_{q_\beta}-u^\dagger_{q_\beta}u_{p_\beta})\kappa_{p_\beta q_\beta}\right) \tag{4.34}$$

$$=\; \exp\left(\sum_{p_\alpha>q_\alpha}a^-_{p_\alpha q_\alpha}\kappa_{p_\alpha q_\alpha}\right)\cdot\exp\left(\sum_{p_\beta>q_\beta}a^-_{p_\beta q_\beta}\kappa_{p_\beta q_\beta}\right). \tag{4.35}$$

Die Rotationen können die α- und β-Orbitale nicht mischen, so dass der Spin separiert werden kann. Für die Ableitung von Matrixelementen gilt nun im Vergleich zu Gl. (4.16)

$$\frac{\partial}{\partial\kappa_{t_\sigma u_\sigma}}\langle p_\tau q_{\tau'}|e^\kappa\hat{o}_{12}e^{-\kappa}|k_\tau l_{\tau'}\rangle\bigg|_{x=x_0} \;=\; \langle p_\tau q_{\tau'}|[a^-_{t_\sigma u_\sigma},\hat{o}_{12}]|k_\tau l_{\tau'}\rangle \tag{4.36}$$

$$=\; \delta_{\sigma\tau}\langle p_\tau q_{\tau'}|[a^-_{t_\sigma u_\sigma}(1),\hat{o}_{12}]|k_\tau l_{\tau'}\rangle$$
$$+\delta_{\sigma\tau'}\langle p_\tau q_{\tau'}|[a^-_{t_\sigma u_\sigma}(2),\hat{o}_{12}]|k_\tau l_{\tau'}\rangle. \tag{4.37}$$

Die Notation $a^-_{l_\sigma u_\sigma}(i)$ deutet an, dass die Erzeuger und Vernichter nur auf Elektron i wirken. Damit erhält man für Ausdrücke mit zwei gleichen Spins die gleichen Beiträge wie im Closed-shell-Fall. Bei unterschiedlichen Spins (Opposite-Spin) entfallen Terme aufgrund der Integration über den Spin (s. Gl. (D.17) im Anhang).

4.3 Berechnung der 1-Teilchen-Dichtematrix

Die Berechnung der Dichte in Gl. (4.24) lässt sich gemäß Abschnitt 4.1.5 in unrelaxierte und relaxierte Beiträge auftrennen.

4.3.1 Beiträge zur unrelaxierten Dichte

Die Beiträge zur unrelaxierten Dichte werden erhalten, wenn man die Definition des Fock-Operators in die Gleichungen einsetzt und dann bezüglich derer ableitet. Damit wird klar, dass es im Fall von Näherung A ohne Kopplung keine Beiträge zur unrelaxierten Dichte gibt. Somit bleiben nur die Beiträge der CABS-Singles. Am Beispiel des Dipolmoments erhält man analog zur Vorgehensweise in Abschnitt 4.1.5:

$$\langle \vec{\mu} \rangle = \frac{\partial \mathcal{H}_{\Delta s}}{\partial \vec{\epsilon}} = \sum_\sigma \left(\sum_{p''_\sigma q''_\sigma} d_{p''_\sigma q''_\sigma} \vec{\mu}_{p''_\sigma q''_\sigma} - \sum_{I_\sigma J_\sigma} d_{I_\sigma J_\sigma} \vec{\mu}_{I_\sigma J_\sigma} + 2 \sum_{I_\sigma p''_\sigma} d_{I_\sigma p''_\sigma} \vec{\mu}_{I_\sigma p''_\sigma} \right) \quad (4.38)$$

mit den Abkürzungen

$$d_{I_\sigma J_\sigma} = \sum_{p''_\sigma} c_{I_\sigma}^{p''_\sigma} c_{J_\sigma}^{p''_\sigma} \quad , \quad d_{p''_\sigma q''_\sigma} = \sum_{I_\sigma} c_{I_\sigma}^{p''_\sigma} c_{I_\sigma}^{q''_\sigma} \quad , \quad d_{I_\sigma p''_\sigma} = c_{I_\sigma}^{p''_\sigma}. \quad (4.39)$$

Genau diese drei Terme stellen aufgrund des Ergebnisses in Gl. (4.38) bei Vergleich mit Gl. (4.22) den Beitrag zur unrelaxierten Dichte $\mathbf{D}^F$ dar:

$$\mathbf{D}^F \quad \leftarrow \quad \mathbf{d}_{p''q''} \oplus -\mathbf{d}_{IJ} \oplus 2\mathbf{d}_{Ip''} \quad (4.40)$$

Das Symbol $\oplus$ bedeutet, dass mehrere Matrizen, die sich jeweils nur über einen Teil der MO-Indizes erstrecken, zu einer großen Matrix zusammengesetzt werden.

Es sei angemerkt, dass für die CABS-Singles im Gegensatz zur Energieberechnung nun stets von einer nicht-diagonalen Fock-Matrix ausgegangen wird, da die Lagrange-Multiplikatoren der Orbitalrotationen nur die schwächere Brillouin-Bedingung erfüllen, nicht aber die (numerisch instabile) Diagonalgestalt der Fock-Matrix gewährleisten. Im Fall der CABS-Singles gibt es keine eingefrorenen Orbitale, da diese eine Korrektur zu Hartree-Fock darstellen.

4.3.2 Relaxierte Dichte

In diesem Abschnitt wird auf die Beiträge eingegangen, welche durch Orbitalrotationen erhalten werden. Zunächst werden die Orbitalrotationen *innerhalb* der virtuellen bzw. besetzten MOs behandelt. Da solche die Hartree-Fock-Energie nicht ändern, müssen für diesen Fall keine Lagrange-Multiplikatoren eingeführt werden und die Beiträge lassen sich direkt berechnen. Dies gilt nicht für Orbitalrotationen *zwischen* virtuellen und besetzten MOs, so dass sich deren Berechnung deutlich aufwändiger gestaltet.

Für den besetzt-besetzt Block erhält man

$$\left. \frac{\partial(E_{\Delta\mathrm{MP2}} + E_{\Delta\mathrm{F12}})}{\partial \kappa_{IJ}} \right|_{x=x_0} = 0$$

$$= \left(D^F_{IJ} + D^F_{JI}\right)(\epsilon_I - \epsilon_J) + L''_{IJ} - L_{JI} + \left. \frac{\partial E_{\Delta\mathrm{F12}}}{\partial \kappa_{IJ}} \right|_{x=x_0} \quad (4.41)$$

Die Größen werden im Anhang beschrieben. Es sei lediglich darauf hingewiesen, dass sich die hier verwendete Notation $\mathbf{L}''$ nicht auf die Beteiligung von CABS-Orbitalen bezieht, sondern schon seit langem bestimmte Terme des konventionellen MP2-Gradienten kennzeichnet. Hieraus lässt sich der relaxierte Beitrag ohne zusätzliches Lösen eines Gleichungssystems berechnen, da die Lagrange-Parameter für die Orbitalrotationen nicht auftauchen:

$$D^F_{IJ} + D^F_{JI} = -\left(L''_{IJ} - L_{JI} + \left. \frac{\partial E_{\Delta\mathrm{F12}}}{\partial \kappa_{IJ}} \right|_{x=x_0}\right) / (\epsilon_I - \epsilon_J) . \quad (4.42)$$

Zur genauen Berechnung des F12-Beitrages siehe Gl. (4.54).

Für die Orbitalrotationen innerhalb der virtuellen Orbitale gibt es im Rahmen von Näherung A und der Vernachlässigung der Kopplung nur konventionelle Beiträge:

$$\left. \frac{\partial(E_{\Delta\mathrm{MP2}} + E_{\Delta\mathrm{F12}})}{\partial \kappa_{ab}} \right|_{x=x_0} = 0 = \left(D^F_{ab} + D^F_{ba}\right)(\epsilon_a - \epsilon_b) + L''_{ab} - L_{ba} . \quad (4.43)$$

Die Z-Vektor-Gleichung

Bei der im Folgenden besprochenen Berechnung der Rotationen *zwischen* besetzten und virtuellen Orbitalen sind die Beiträge der Lagrange-Multiplikatoren ungleich null, so dass ein Gleichungssystem gelöst werden muss. Dieses wird als CPHF- [127] oder Z-Vektor-Gleichung [128] bezeichnet.

Hierzu wird das spezielle Lagrange-Funktional aus Gl. (4.25) in Gl. (4.11) eingesetzt. Damit ergibt sich:

$$
\begin{aligned}
-\sum_{Ia} \bar{\kappa}_{Ia} \sum_{\sigma} & \frac{\partial \langle \widetilde{\mathrm{HF}} | [a_{I_\sigma}^+, [a_{a_\sigma}, e^\kappa \hat{H} e^{-\kappa}]]_+ | \widetilde{\mathrm{HF}} \rangle}{\partial \kappa} \\
= \quad & \frac{\partial E_{\mathrm{SCF}}}{\partial \kappa} + \frac{\partial E_{\Delta\mathrm{MP2}}}{\partial \kappa} \\
& + 2 \sum_{ij} \sum_{kl} d_{ij}^{kl} \frac{\partial \langle \tilde{k}\tilde{l} | e^\kappa \tilde{v}_{12} e^{-\kappa} | \tilde{i}\tilde{j} \rangle}{\partial \kappa} + \sum_{kl} \sum_{mn} e_{mn}^{kl} \frac{\partial \langle \tilde{k}\tilde{l} | e^\kappa \tilde{b}_{12} e^{-\kappa} | \tilde{m}\tilde{n} \rangle}{\partial \kappa} .
\end{aligned} \tag{4.44}
$$

Der reine Hartree-Fock-Beitrag entfällt, er wurde nur der Vollständigkeit halber aufgenommen. Die Auswertung der Nebenbedingung ergibt (siehe z.B. Gl. (67) in Ref. [126]):

$$
\begin{aligned}
\left. \frac{\partial F[e^\kappa \hat{H} e^{-\kappa}]_{pq}}{\partial \kappa_{rs}} \right|_{x=x_0} &= \sum_\sigma \langle \mathrm{HF} | [a_{p_\sigma}^+, [a_{q_\sigma}, [E_{rs}^-, \hat{H}]]]_+ | \mathrm{HF} \rangle \tag{4.45} \\
&= \delta_{qr} F_{sp} - \delta_{ps} F_{qr} - \delta_{qs} F_{rp} + \delta_{pr} F_{qs} + (\nu_r - \nu_s) A_{pqrs} , \tag{4.46}
\end{aligned}
$$

wobei A_{pqrs} die Supermatrix ist (siehe Gl. (D.6) Anhang) [129] und ν_p die Hartree-Fock-Besetzungszahl (0 oder 1) des Orbitals p. Für die Nebenbedingung erhält man also konkret:

$$
\sum_{Ia} \bar{\kappa}_{Ia} \left. \frac{\partial F[e^\kappa \hat{H} e^{-\kappa}]_{Ia}}{\partial \kappa_{bJ}} \right|_{x=x_0} = \sum_{Ia} \bar{\kappa}_{Ia} \sum_{bJ} \underbrace{\left(2\delta_{ab}\delta_{IJ}(\epsilon_a - \epsilon_I) + A_{aIbJ} \right)}_{P_{aIbJ}} . \tag{4.47}
$$

Gl. (4.47) wird auch als linke Seite des zu lösenden Z-Vektor-Gleichungssystems in Gl. (4.44) bezeichnet; diese ist unabhängig von der Korrelationsmethode. Die Beiträge der Korrelationsmethoden werden als rechte Seite (RHS) η bezeichnet. Im Rahmen von RI-MP2-F12 ergibt sich:

$$
\eta = \underbrace{\eta^{\Delta\mathrm{MP2}} + \eta^{\Delta\mathrm{F12}}}_{\eta^{\Delta\mathrm{MP2F12}}} + \eta^{\Delta s} , \tag{4.48}
$$

mit dem MP2-Beitrag:

$$
\eta_{bJ}^{\Delta\mathrm{MP2}} = \left. \frac{\partial E_{\Delta\mathrm{MP2}}}{\partial \kappa_{bJ}} \right|_{x=x_0} = L_{bJ}'' - L_{Jb} + G[\mathbf{D}^F]_{bJ} . \tag{4.49}
$$

Äußere Beiträge

Im Rahmen der Ableitung ist die Auswertung von Kommutatoren wie dem folgenden notwendig:

$$\frac{\partial}{\partial \kappa_{rs}} \left\langle \tilde{i}\tilde{j} \right| e^{\kappa} x_{12} e^{-\kappa} \left| \tilde{k}\tilde{l} \right\rangle \Big|_{x=x_0} = \left\langle ij \right| [E_{rs}^-, x_{12}] \left| kl \right\rangle . \tag{4.50}$$

Dabei werden die verschiedenen „rs" durch z.B. „bJ" ersetzt. Für den Fall $\kappa_{bI^\star}$, wobei $I^\star$ für ein eingefrorenes Orbital steht, gilt:

$$\frac{\partial}{\partial \kappa_{bI^\star}} \left\langle \tilde{k}\tilde{l} \right| e^{\kappa} \tilde{v}_{12} e^{-\kappa} \left| \tilde{i}\tilde{j} \right\rangle \Big|_{x=x_0} = \left\langle \mathbf{kl} \right| [E_{bI^\star}^-, \hat{v}_{12}] \left| ij \right\rangle \overset{1A}{=} 0 , \tag{4.51}$$

$$\frac{\partial}{\partial \kappa_{bI^\star}} \left\langle \tilde{k}\tilde{l} \right| e^{\kappa} \tilde{b}_{12} e^{-\kappa} \left| \tilde{m}\tilde{n} \right\rangle \Big|_{x=x_0} = \left\langle \mathbf{kl} \right| [E_{bI^\star}^-, b_{12}] \left| \mathbf{mn} \right\rangle \overset{1A}{=} 0 . \tag{4.52}$$

Ebenso ist der Beitrag für κ_{ba} gleich null. Nach dieser Vorgehensweise erhält man unter Berücksichtigung von eingefrorenen Orbitalen die äußeren Beiträge, die äquivalent zu den Beiträgen von Ansatz 1 sind, zur rechten Seite der Z-Vektor-Gleichung:

$$-\sum_{la} \bar{\kappa}_{la} P_{bJal} = \eta_{bJ}^{\Delta\text{MP2F12}} \overset{1A}{=} L''_{bJ} - L_{Jb} + G[\mathbf{D}^F]_{bJ}$$

$$+4 \sum_{ij} \sum_{kl} d_{ij}^{\mathbf{kl}} \left[\delta_{Ji} \left\langle \mathbf{kl} \right| \hat{v}_{12} \left| bj \right\rangle + \delta_{J\mathbf{k}} \left\langle bl \right| \hat{v}_{12} \left| ij \right\rangle \right]$$

$$+4 \sum_{\mathbf{kl}} \sum_{\overline{\mathbf{mn}}} \sum_{ij} d_{ij}^{\mathbf{kl}} c_{ij}^{\mathbf{mn}} \delta_{\mathbf{k}J} \left\langle bl \right| b_{12} \left| \mathbf{mn} \right\rangle . \tag{4.53}$$

Die Formel gilt für eingefrorene und aktive besetzte J sowie virtuelle b, wobei die Summierung über i und j nur über aktive besetzte Orbitale geschieht. Zur Übersichtlichkeit wird an dieser Stelle J verwendet, da im Rahmen der inneren Terme Beiträge für $bJ^\star$-Rotationen anfallen.

Desweiteren ist der Fall des besetzt-besetzt-Beitrages näher zu betrachten. Im Fall von F12 muss der Beitrag eingefroren-besetzt nach aktiv-besetzt berechnet werden:

$$\frac{\partial E_{\Delta\text{F12}}}{\partial \kappa_{I^\star o}} \Big|_{x=x_0} = +4 \sum_{ij} \sum_{kl} d_{ij}^{\mathbf{kl}} \left[\delta_{oi} \left\langle \mathbf{kl} \right| \hat{v}_{12} \left| I^\star j \right\rangle + \delta_{o\mathbf{k}} \left\langle I^\star l \right| \hat{v}_{12} \left| ij \right\rangle \right]$$

$$+4 \sum_{\mathbf{kl}} \sum_{\mathbf{mn}} \sum_{ij} d_{ij}^{\mathbf{kl}} c_{ij}^{\mathbf{mn}} \delta_{\mathbf{k}o} \left\langle I^\star l \right| b_{12} \left| \mathbf{mn} \right\rangle . \tag{4.54}$$

Weitere Beiträge (z.B. $\kappa_{oI^\star}$) müssen nicht berechnet werden.

Innere Beiträge

Bei Ansatz 3 geht man für die äußeren Beiträge analog zu Ansatz 1 vor. Hinzu kommen Beiträge vom Projektionsoperator $\hat{Q}_{12}^{(3)}$, die im Folgenden als „innere" Terme bzw. Beiträge bezeichnet werden:

$$\frac{\partial}{\partial \kappa} \langle \tilde{k}\tilde{l}| f_{12} e^{-\kappa} \tilde{O}_1 e^{\kappa} \tilde{P}_2'' g_{12} |\tilde{i}\tilde{j}\rangle \,, \tag{4.55}$$

$$\frac{\partial}{\partial \kappa} \langle \tilde{k}\tilde{l}| f_{12} \tilde{P}_1'' e^{-\kappa} \tilde{O}_2 e^{\kappa} g_{12} |\tilde{i}\tilde{j}\rangle \,. \tag{4.56}$$

Die Terme für die Matrix **B** sind analog. Erneut ist der Beitrag für κ_{ba} gleich null. Im Unterschied zu Ansatz 1 verschwinden nicht die Beiträge $\kappa_{bI^\star}$

$$\frac{\partial}{\partial \kappa_{bI^\star}} \langle \tilde{k}\tilde{l}| f_{12} e^{-\kappa} \tilde{O}_1 e^{\kappa} \tilde{P}_2'' g_{12} |\tilde{i}\tilde{j}\rangle \,, \tag{4.57}$$

$$\frac{\partial}{\partial \kappa_{bI^\star}} \langle \tilde{k}\tilde{l}| f_{12} \tilde{P}_1'' e^{-\kappa} \tilde{O}_2 e^{\kappa} g_{12} |\tilde{i}\tilde{j}\rangle \,, \tag{4.58}$$

da $\hat{Q}_{12}^{(3)}$ nicht nur die aktiven besetzten, sondern alle besetzten Orbitale herausprojiziert. Zusammengefasst ergibt sich:

$$
\begin{aligned}
\eta_{bJ}^{\Delta\text{MP2F12}} \overset{3^\star A}{=} \quad & L_{bJ}'' - L_{Jb} + G[\mathbf{D}^F]_{bJ} \\
&+ 4 \sum_{ij} \sum_{kl} d_{ij}^{\mathbf{kl}} \left[\delta_{Ji} \langle \mathbf{kl}| \hat{v}_{12} |bj\rangle + \delta_{Jk} \langle bl| \hat{v}_{12} |ij\rangle \right. \\
&\qquad\qquad\left. + \langle \mathbf{kl}|\hat{v}_{12}^{(bJ)}|ij\rangle \right] \\
&+ 4 \sum_{kl} \sum_{mn} \sum_{ij} d_{ij}^{\mathbf{kl}} c_{ij}^{\mathbf{mn}} [\delta_{kJ} \langle bl| \mathbf{b}_{12} |mn\rangle + \langle \mathbf{kl}|\mathbf{b}_{12}^{(bJ)}|mn\rangle] \,,
\end{aligned}
\tag{4.59}
$$

mit der Notation

$$\langle \mathbf{kl}|\hat{v}_{12}^{(bJ)}|ij\rangle = \sum_{p''} [+ \langle \mathbf{kl}|f_{12}|bp''\rangle \langle Jp''|g_{12}|ij\rangle + \langle \mathbf{kl}|f_{12}|Jp''\rangle \langle bp''|g_{12}|ij\rangle \,. \tag{4.60}$$

Die Beiträge für die Matrix **B** sind analog. Die Beiträge von eingefroren-besetzt und aktiv-besetzt sind die gleichen wie im Fall von Ansatz 1, da die Summation über alle besetzten Orbitale erfolgt.

Erweiterung auf UHF

Zunächst werden die Ableitungen bezüglich der $\alpha\alpha$-Rotationen behandelt. Beim Same-Spin-Teil

$$\frac{\partial}{\partial \kappa_{r_\alpha s_\alpha}} \langle \tilde{i}_\alpha \tilde{j}_\alpha | e^{\kappa} x_{12} e^{-\kappa} |\tilde{k}_\alpha \tilde{l}_\alpha\rangle \tag{4.61}$$

fallen keine Terme aufgrund der Spinintegration weg und man erhält den gleichen Beitrag wie im RHF-Fall. Es ergibt sich für den F12-Beitrag:

$$
\left. \frac{\partial L}{\partial \kappa_{a_\alpha o_\alpha}} \right|_{x=x_0} = \eta^{\Delta F12}_{a_\alpha o_\alpha} =
$$

$$
+4 \sum_{i_\alpha < j_\alpha} \sum_{k_\alpha < l_\alpha} d^{k_\alpha l_\alpha}_{i_\alpha j_\alpha} \left[\delta_{o_\alpha k_\alpha} \langle \mathbf{a}_\alpha \mathbf{l}_\alpha | \hat{v}_{12} | i_\alpha j_\alpha \rangle + \delta_{o_\alpha l_\alpha} \langle \mathbf{k}_\alpha \mathbf{a}_\alpha | \hat{v}_{12} | i_\alpha j_\alpha \rangle + \delta_{o_\alpha i_\alpha} \langle \mathbf{k}_\alpha \mathbf{l}_\alpha | \hat{v}_{12} | a_\alpha j_\alpha \rangle \right]
$$

$$
+4 \sum_{i_\alpha < j_\alpha} \sum_{k_\alpha < l_\alpha} \sum_{m_\alpha < n_\alpha} c^{m_\alpha n_\alpha}_{i_\alpha j_\alpha} d^{k_\alpha l_\alpha}_{i_\alpha j_\alpha} \delta_{o_\alpha k_\alpha} \langle \mathbf{a}_\alpha \mathbf{l}_\alpha | \mathbf{b}_{12} | \mathbf{m}_\alpha \mathbf{n}_\alpha \rangle
$$

$$
+2 \sum_{i_\alpha j_\beta} \sum_{k_\alpha l_\beta} c^{k_\alpha l_\beta}_{i_\alpha j_\beta} \left[\delta_{o_\alpha k_\alpha} \langle a_\alpha l_\beta | \hat{v}_{12} | i_\alpha j_\beta \rangle + \delta_{o_\alpha i_\alpha} \langle \mathbf{k}_\alpha l_\beta | \hat{v}_{12} | a_\alpha j_\beta \rangle \right]
$$

$$
+ \sum_{i_\alpha j_\beta} \sum_{k_\alpha l_\beta} \sum_{m_\alpha n_\beta} c^{k_\alpha l_\beta}_{i_\alpha j_\beta} c^{m_\alpha n_\beta}_{i_\alpha j_\beta} \left[\delta_{o_\alpha k_\alpha} \langle a_\alpha l_\beta | \mathbf{b}_{12} | \mathbf{m}_\alpha \mathbf{n}_\beta \rangle + \delta_{o_\alpha m_\alpha} \langle \mathbf{k}_\alpha l_\beta | \mathbf{b}_{12} | a_\alpha n_\beta \rangle \right] . \tag{4.62}
$$

Für den Opposite-Spin-Fall

$$
\frac{\partial}{\partial \kappa_{r_\alpha s_\alpha}} \langle \tilde{i}_\alpha \tilde{j}_\beta | e^{\kappa} x_{12} e^{-\kappa} | \tilde{k}_\alpha \tilde{l}_\beta \rangle \tag{4.63}
$$

entfallen Terme im Vergleich zu Gl. (4.61) aufgrund der unterschiedlichen Spins (siehe Gl. (D.17) im Anhang).

CABS-Singles

Für den Beitrag der CABS-Singles zur rechten Seite der Z-Vektor-Gleichung $\eta^{\Delta s}$ müssen die Amplituden in einer entsprechenden Formulierung ebenfalls nicht abgeleitet werden. Sie werden variationell optimiert, aber nicht eingesetzt:

$$
\left. \frac{\partial}{\partial \kappa_{Kb}} \sum_{p''q''} d_{p''q''} F_{p''q''} \right|_{x=x_0} = \sum_{p''q''} d_{p''q''} A_{p''q''Kb}
$$

$$
= \sum_{p''q''} d_{p''q''} \left[4(p''q''|Kb) - 2(p''K|bq'') \right] , \tag{4.64}
$$

$$
\left. -\frac{\partial}{\partial \kappa_{Kb}} \sum_{IJ} d_{IJ} F_{IJ} \right|_{x=x_0} = - \sum_{IJ} d_{IJ} A_{IJKb}
$$

$$
= - \sum_{IJ} d_{IJ} \left[4(IJ|Kb) - 2(IK|bJ) \right] , \tag{4.65}
$$

$$
\left. \frac{\partial}{\partial \kappa_{Kb}} 2 \sum_{Ip''} d_{p''I} F_{p''I} \right|_{x=x_0} = 2 \left(\sum_{p''} d_{p''K} F_{p''b} + \sum_{Ip''} d_{p''I} A_{p''IKb} \right) . \tag{4.66}
$$

Alle anderen Beiträge sind null. Für offene Schalen erhält man:

$$\frac{\partial}{\partial \kappa_{J_\tau b_\tau}} \sum_{p''_\sigma q''_\sigma} d_{p''_\sigma q''_\sigma} F_{p''_\sigma q''_\sigma}\bigg|_{x=x_0} = \sum_{p''_\sigma q''_\sigma} d_{p''_\sigma q''_\sigma} \left[2(p''_\sigma q''_\sigma|J_\tau b_\tau) - \delta_{\sigma\tau}(p''_\sigma J_\tau|b_\tau q''_\sigma)\right] , \quad (4.67)$$

$$-\frac{\partial}{\partial \kappa_{J_\tau b_\tau}} \sum_{I_\sigma J_\sigma} d_{I_\sigma J_\sigma} F_{I_\sigma J_\sigma}\bigg|_{x=x_0} = -\sum_{I_\sigma J_\sigma} d_{I_\sigma J_\sigma} \left[2(I_\sigma J_\sigma|J_\tau b_\tau) - \delta_{\sigma\tau}(I_\sigma J_\tau|b_\tau J_\sigma)\right] , \quad (4.68)$$

$$\frac{\partial}{\partial \kappa_{J_\tau b_\tau}} 2\sum_{I_\sigma p''_\sigma} d_{p''_\sigma I_\sigma} F_{p''_\sigma I_\sigma}\bigg|_{x=x_0} = 2\left(\delta_{\sigma\tau} \sum_{p''_\sigma} d_{p''_\sigma J_\tau} F_{p''_\sigma b_\tau} + \sum_{I_\sigma p''_\sigma} d_{p''_\sigma I_\sigma} A_{p''_\sigma I_\sigma J_\tau b_\tau}\right) . \quad (4.69)$$

Eine entsprechende Formulierung in Spinorbitalnotation kann in Ref. [69] gefunden werden.

4.4 Gradient für Ansatz 3

Ausgangspunkt für die Herleitung noch fehlender Beiträge ist erneut Gl. (4.25). Den ersten Beitrag bildet der Gradient für das SCF-Verfahren

$$\begin{aligned}
E_{\text{SCF}}^{[x]}\bigg|_{x=x_0} &= \sum_{\mu\nu} D_{\mu\nu}^{\text{SCF,ao}} \left[[\mathbf{h}^{\text{AO}}]_{\mu\nu}^{[x]} + \frac{1}{2}\sum_{\kappa\lambda} D_{\kappa\lambda}^{\text{SCF,ao}} \langle\nu\kappa||\mu\lambda\rangle^{[x]}\right] \\
&\quad + \sum_{I\mu\nu} C_{I\mu} C_{I\nu} \epsilon_I [\mathbf{S}^{\text{AO}}]_{\mu\nu}^{[x]} ,
\end{aligned} \qquad (4.70)$$

mit der Hartree-Fock-Dichtematrix $\mathbf{D}^{\text{SCF}}$ und den MO-Koeffizienten $\mathbf{C}$. Die griechischen Buchstaben deuten Atomorbitale an, wobei aufgrund der Metrik der zugrundeliegenden Gauß-Basisfunktionen eine Differenzierung erfolgen muss: Der Index „AO" steht für kovariante, „ao" hingegen für kontravariante Größen, wobei sich letztere wie die MO-Koeffizienten $\mathbf{C}$ transformieren. Um übersichtliche Formeln zu gewährleisten, wird im Folgenden der Index „AO" weggelassen, wie bereits für $\langle\nu\kappa||\mu\lambda\rangle^{[x]}$ in Gl. (4.70) geschehen.

In dieser Notation lässt sich klar erkennen, dass der Hartree-Fock-Beitrag zur 2-Teilchen-Dichte in zwei 1-Teilchen-Dichten zerlegbar ist (auch als *separable two electron density* bezeichnet) [130]. Im Rahmen von Korrelationsmethoden gibt es neben neuen Beiträgen zur separierbaren Dichte zusätzliche Terme, welche sich nicht auf 1-Teilchen-Dichten reduzieren lassen; diese werden in der Originalliteratur entsprechend als *non-separable two electron density* bezeichnet (vgl. [131]).

Im Rahmen der Methode RI-MP2 gibt es sowohl Korrelationsbeiträge zum separierbaren als auch zum nicht-separierbaren Anteil der 2-Teilchen-Dichte. Ersterer stammt aus den Orbitalenergien, welche ohne die RI-Näherung berechnet werden, und wird – wie bei Hartree-Fock – mit der Ableitung der exakten 4-Index-Integrale kontrahiert. Dies gilt zudem für explizit korrelierte Beiträge, welche Orbitalenergien enthalten, beispielsweise bei Verwendung von Näherung A' oder B, aber auch für Näherung A, falls die Kopplung mit den konventionellen Amplituden nicht vernachlässigt wird. (Zur Behandlung der CABS-Singles sei an dieser Stelle auf Kap. 4.5 verwiesen.) Umgekehrt tragen alle im Rahmen dieser Arbeit betrachteten F12-Beiträge zur nicht-separierbaren Dichte bei.

Der Gradient für den F12-Beitrag der RI-MP2-F12-Methode lautet

$$
\begin{aligned}
E_{\Delta F12}^{[x]} = {} & \sum_{\mu'\nu'} H_{\mu'\nu'}^{ao} h_{\mu'\nu'}^{[x]} - \sum_{\mu'\nu'} F_{\mu'\nu'}^{eff,ao} S_{\mu'\nu'}^{[x]} \\
& + \sum_{\mu\nu P} \sum_{\mathfrak{f}}^{fg,f^2r^2} {}^{\mathfrak{f}}\Delta_{\mu\nu}^{P,ao}(\mu\nu|\mathfrak{f}_{12}|P)^{[x]} - \sum_{PQ} \sum_{\mathfrak{f}}^{g,f,fg,f^2r^2} {}^{\mathfrak{f}}\gamma_{PQ}(P|\mathfrak{f}_{12}|Q)^{[x]} \\
& + \sum_{\mu'\nu'P} \sum_{\mathfrak{f}}^{g,f} {}^{\mathfrak{f}}\Delta_{\mu'\nu'}^{P,ao}(\mu'\nu'|\mathfrak{f}_{12}|P)^{[x]} ,
\end{aligned}
\tag{4.71}
$$

wobei $\mathfrak{f}$ symbolisch für die verschiedenen Integraltypen steht (vgl. Kap. 2.5). Man beachte, dass die AO-Indizes mit einem Strich analog zur Notation in der MO-Basis die vereinigte AO-Basis anzeigen. Die Erweiterung von den 1-Teilchen-Beiträgen ist auf die [T+V]-Näherung, die Erweiterung von der effektiven Fock-Matrix bzw. der Überlappungsmatrix ist generell auf die Verwendung von CABS zurückzuführen.

4.4.1 Beiträge der abgeleiteten 1-Elektronen-Operatoren

Hier ergeben sich Beiträge aufgrund der [T+V]-Näherung. ECPs sollen im Rahmen der vorliegenden Arbeit nicht berücksichtigt werden. Die allgemeine Struktur ist:

$$
E_{\Delta F12}^{[x]} \quad \leftarrow \quad \sum_{r's'} H_{r's'} h_{r's'}^{[x]}
\tag{4.72}
$$

Für den pq-Term ergibt sich:

$$
H_{mr'} = +2 \sum_{kln pq} e_{mn}^{kl} \langle r'\mathbf{n}|f_{12}|pq\rangle \langle pq|f_{12}|\mathbf{kl}\rangle ,
\tag{4.73}
$$

$$
H_{pr'} = -2 \sum_{klmnq} e_{mn}^{kl} \langle \mathbf{mn}|f_{12}|r'q\rangle \langle pq|f_{12}|\mathbf{kl}\rangle ,
\tag{4.74}
$$

wobei das Vorzeichen aus dem Kommutator stammt. Analoge Beiträge ergeben sich für die beiden inneren Terme des Projektionsoperators.

4.4.2 Die energiegewichtete Dichtematrix

Die energiegewichtete Dichtematrix $\mathbf{F}^{\text{eff}}$ entspricht der Summe aller Terme, die die abgeleitete Überlappungsmatrix enthalten. Durch Ausklammern der abgeleiteten Überlappungsmatrix wird folgende Form erreicht:

$$E_{\Delta\text{F12}}^{[x]} \leftarrow \sum_{r's'} F_{r's'}^{\text{eff},\Delta\text{F12}} S_{r's'}^{[x]}. \tag{4.75}$$

Die ersten Terme sind die äußeren Beiträge, die im Gegensatz zum Z-Vektor über die gesamte Orbitalbasis summiert werden:

$$
\begin{aligned}
F_{op}^{\text{eff},\Delta\text{F12}} \quad \leftarrow \quad &+2 \sum_{ij} \sum_{\mathbf{kl}} d_{ij}^{\mathbf{kl}} [\delta_{\mathbf{k}o} \langle p\mathbf{l}| \hat{v}_{12} |ij\rangle + \delta_{io} \langle \mathbf{kl}| \hat{v}_{12} |pj\rangle] \\
&+2 \sum_{\mathbf{kl}} \sum_{\mathbf{mn}} e_{\mathbf{mn}}^{\mathbf{kl}} \delta_{\mathbf{k}o} \langle p\mathbf{l}| \mathrm{b}_{12} |\mathbf{mn}\rangle \ . \tag{4.76}
\end{aligned}
$$

Die obige Aufteilung wurde gewählt, um zu verdeutlichen, dass dieser Teil bis auf Vorfaktoren (!) dem Beitrag entspricht, der für Ansatz 1 auf den Z-Vektor addiert werden muss und als äußerer Beitrag bezeichnet wird. Die inneren Beiträge sind im Anhang notiert.

Im Fall der [T+V]-Näherung kommen weitere Terme hinzu. Da die Transformation über die vereinigte Basis läuft, muss auch die gesamte Überlappungsmatrix betroffen sein:

$$
\begin{aligned}
F_{r's'}^{\text{eff},\Delta\text{F12}} \quad = \quad &\sum_{\mathbf{kl}} \sum_{\mathbf{mn}} e_{\mathbf{mn}}^{\mathbf{kl}} [2 \sum_{pq} \left(\langle \mathbf{kl}| f_{12} |pq\rangle \langle \mathbf{mn}| f_{12} |s'q\rangle \langle r'|T|p\rangle \right. \\
&\left. - \langle \mathbf{kl}| f_{12} |pq\rangle \langle pq| f_{12} |r'\mathbf{n}\rangle \langle s'|T|\mathbf{m}\rangle \right) \\
&+ \sum_{Lq''} \left(\langle \mathbf{kl}| f_{12}|Lq''\rangle \langle \mathbf{mn}| f_{12}|s'q''\rangle \langle r'|T|L\rangle \right. \\
&+ \langle \mathbf{kl}| f_{12}|Lq''\rangle \langle \mathbf{mn}| f_{12}|Ls'\rangle \langle r'|T|q''\rangle \\
&- \langle \mathbf{kl}| f_{12}|Lq''\rangle \langle Lq''|f_{12}|r'\mathbf{n}\rangle \langle s'|T|\mathbf{m}\rangle \\
&\left. - \langle \mathbf{kl}| f_{12}|Lq''\rangle \langle Lq''|f_{12}|\mathbf{m}r'\rangle \langle s'|T|\mathbf{n}\rangle \right)] \tag{4.77}
\end{aligned}
$$

Man beachte, dass dieser Beitrag noch bezüglich der Vertauschung von r' und s' symmetrisiert werden muss.

4.4.3 Ableitung der 2-Elektronen-Operatoren

Den letzten Beitrag stellen die Ableitungen der Integralmatrizen dar. Fasst man alle nicht-abgeleiteten Beiträge zu Dichten zusammen, erhält man einen Ausdruck, der die notwendigen Beiträge aufzeigt:

$$
\begin{aligned}
E_{\Delta\text{F12}}^{[x]} \;\leftarrow\; & \sum_{ij}\sum_{kl} d_{\mathbf{kl}ij}^{fg}\langle\mathbf{kl}|f_{12}g_{12}|ij\rangle^{[x]} + \sum_{klmn} d_{\mathbf{klmn}}^{f^2r^2}\langle\mathbf{kl}|f_{12}^2 r_{12}^2|\mathbf{mn}\rangle^{[x]} \\
& + \sum_{kl}\sum_{q''I} d_{\mathbf{kl}q''I}^{f}\langle\mathbf{kl}|f_{12}|q''I\rangle^{[x]} + \sum_{kl}\sum_{pq} d_{\mathbf{kl}pq}^{f}\langle\mathbf{kl}|f_{12}|pq\rangle^{[x]} \\
& + \sum_{ij}\sum_{q''I} d_{ijq''I}^{g}\langle q''I|g_{12}|ij\rangle^{[x]} + \sum_{ij}\sum_{pq} d_{ijpq}^{g}\langle pq|g_{12}|ij\rangle^{[x]} \\
& + \sum_{mn}\sum_{q''I} d_{\mathbf{mn}q''I}^{t}\langle q''I|t_{12}|\mathbf{mn}\rangle^{[x]} + \sum_{mn}\sum_{pq} d_{\mathbf{mn}pq}^{t}\langle pq|t_{12}|\mathbf{mn}\rangle^{[x]} \,. \quad (4.78)
\end{aligned}
$$

Dabei zeigen die hochgestellten Indizes an, mit welchen Integraltypen kontrahiert wird:

$$
d_{\mathbf{kl},ij}^{fg} = 2d_{ij}^{\mathbf{kl}}\,, \tag{4.79}
$$

$$
d_{\mathbf{kl},mn}^{f^2r^2} = e_{\mathbf{mn}}^{\mathbf{kl}}\,, \tag{4.80}
$$

$$
d_{\mathbf{kl},q''I}^{f} = -4\sum_{ij} d_{ij}^{\mathbf{kl}}\langle q''I|g_{12}|ij\rangle - \sum_{mn}(e_{\mathbf{mn}}^{\mathbf{kl}} + e_{\mathbf{kl}}^{\mathbf{mn}})\langle q''I|t_{12}|\mathbf{mn}\rangle\,, \tag{4.81}
$$

$$
d_{\mathbf{kl},pq}^{f} = -2\sum_{ij} d_{ij}^{\mathbf{kl}}\langle pq|g_{12}|ij\rangle - \frac{1}{2}\sum_{mn}(e_{\mathbf{mn}}^{\mathbf{kl}} + e_{\mathbf{kl}}^{\mathbf{mn}})\langle pq|t_{12}|\mathbf{mn}\rangle\,, \tag{4.82}
$$

$$
d_{ij,q''I}^{g} = -4\sum_{kl} d_{ij}^{\mathbf{kl}}\langle q''I|f_{12}|\mathbf{kl}\rangle\,, \tag{4.83}
$$

$$
d_{ij,pq}^{g} = -2\sum_{kl} d_{ij}^{\mathbf{kl}}\langle pq|f_{12}|\mathbf{kl}\rangle\,, \tag{4.84}
$$

$$
d_{\mathbf{mn},q''I}^{t} = -\sum_{kl}(e_{\mathbf{mn}}^{\mathbf{kl}} + e_{\mathbf{kl}}^{\mathbf{mn}})\langle\mathbf{kl}|f_{12}|q''I\rangle\,, \tag{4.85}
$$

$$
d_{\mathbf{mn},pq}^{t} = -\frac{1}{2}\sum_{kl}(e_{\mathbf{mn}}^{\mathbf{kl}} + e_{\mathbf{kl}}^{\mathbf{mn}})\langle\mathbf{kl}|f_{12}|pq\rangle\,. \tag{4.86}
$$

Alle benötigten 4-Index-Integrale werden nach dem robusten Density-Fitting berechnet (siehe Anhang). Im Rahmen der Gradienten werden die in Gl. (4.78) notwendigen abgeleiteten Integrale jedoch *nicht* explizit berechnet, vielmehr werden alle einzelnen Beiträge direkt mit entsprechenden Dichten kontrahiert. Im Folgenden soll gezeigt werden, welche Beiträge zu Ableitungen von 2- und 3-Index-Integralen im Einzelnen benötigt werden und wie die jeweiligen Kontraktionsmatrizen aussehen.

Intermediäre Größen

Unter Berücksichtigung der Ableitung für inverse Matrizen

$$\frac{d}{dx}\mathbf{M}^{-1} = -\mathbf{M}^{-1}\mathbf{M}^{[x]}\mathbf{M}^{-1} \tag{4.87}$$

ergibt sich für das Coulomb-Integral [132]

$$
\begin{aligned}
&(\mu\nu|g_{12}|\kappa\lambda)_{\mathrm{DF}}^{[x]} \\
&= \sum_{P}[(\mu\nu|g|P)^{[x]}\,{}^{g}\Gamma_{\kappa\lambda}^{P} + {}^{g}\Gamma_{\mu\nu}^{P}(P|g|\kappa\lambda)^{[x]}] - \sum_{PQ}{}^{g}\Gamma_{\mu\nu}^{P}(P|g|Q)^{[x]}\,{}^{g}\Gamma_{\kappa\lambda}^{P}.
\end{aligned} \tag{4.88}
$$

Für die nach dem robusten Density-Fitting berechneten Integrale $\mathfrak{f} = fg, f^2r^2, f$ kann man zusammenfassend schreiben:

$$
\begin{aligned}
&(\mu\nu|\mathfrak{f}_{12}|\kappa\lambda)_{\mathrm{DF}}^{[x]} \\
&= \sum_{P}(\mu\nu|\mathfrak{f}_{12}|P)^{[x]}\,{}^{g}\Gamma_{\kappa\lambda}^{P} + \sum_{P}{}^{g}\Gamma_{\mu\nu}^{P}(P|\mathfrak{f}_{12}|\kappa\lambda)^{[x]} \\
&\quad + \sum_{P}[{}^{\mathfrak{f}}\Gamma_{\mu\nu}^{P} + {}^{\mathfrak{f}}\tilde{\Gamma}_{\mu\nu}^{P}](P|g_{12}|\kappa\lambda)^{[x]} + \sum_{P}(\mu\nu|g_{12}|P)^{[x]}[{}^{\mathfrak{f}}\Gamma_{\kappa\lambda}^{P} + {}^{\mathfrak{f}}\tilde{\Gamma}_{\kappa\lambda}^{P}] \\
&\quad + \sum_{PQ}[-{}^{g}\Gamma_{\mu\nu}^{P}\,{}^{\mathfrak{f}}\tilde{\Gamma}_{\kappa\lambda}^{Q} - {}^{g}\Gamma_{\kappa\lambda}^{P}\,{}^{\mathfrak{f}}\tilde{\Gamma}_{\mu\nu}^{Q} - {}^{\mathfrak{f}}\Gamma_{\mu\nu}^{P}\,{}^{g}\Gamma_{\kappa\lambda}^{Q} - {}^{g}\Gamma_{\mu\nu}^{Q}\,{}^{\mathfrak{f}}\Gamma_{\kappa\lambda}^{P}](P|g_{12}|Q)^{[x]} \\
&\quad - \sum_{PQ}{}^{g}\Gamma_{\mu\nu}^{P}(P|\mathfrak{f}_{12}|Q)^{[x]}\,{}^{g}\Gamma_{\kappa\lambda}^{Q}.
\end{aligned} \tag{4.89}
$$

Die Größen Γ sind wie folgt definiert (hier am Beispiel von $\mathfrak{f} = f_{12}$):

$$
{}^{\mathfrak{f}}\Gamma_{\kappa\lambda}^{P} = \sum_{Q}(P|g_{12}|Q)^{-1}(Q|f_{12}|\kappa\lambda) = \sum_{Q}(P|g_{12}|Q)^{-1/2}F_{\kappa\lambda}^{Q}, \tag{4.90}
$$

$$
{}^{\mathfrak{f}}\tilde{\Gamma}_{\kappa\lambda}^{P} = -\sum_{QR}(P|g_{12}|Q)^{-1/2}U_{QR}^{f}G_{\kappa\lambda}^{R}. \tag{4.91}
$$

Weitere Details zu Definitionen einzelner Größen sind in Kapitel 5 beschrieben. Es sei darauf hingewiesen, dass z.B. ${}^{\mathfrak{f}}\Gamma_{\kappa\lambda}^{P}$ *nicht* aus dem Intermediat $\tilde{F}_{\kappa\lambda}^{Q}$, sondern aus $F_{\kappa\lambda}^{Q}$ berechnet wird.

Für die Integrale über den Operator t_{12} deutet die hier verwendete Schreibweise allein die Ableitung des reinen 2-Elektronen-Teils an (zur Diskussion der Ableitung der Transformationsmatrix siehe 4.4.1). Zunächst erfolgt die Kontraktion mit den

MOs $\mathbf{C}$

$$\sum_{r'} \langle p|(\hat{T}_1 + \hat{V}_{\mathrm{ne}})|r'\rangle (r'q|f_{12}|Q) \;=\; \sum_{\mu\nu} \underbrace{\sum_{r'} \langle p|\hat{h}|r'\rangle C_{r'\mu}}_{C_{p\mu}^{[T+V]}=\mathcal{C}_{\breve{p}\mu}} C_{q\nu}(\mu\nu|f_{12}|Q) \tag{4.92}$$

$$\;=\; \sum_{\mu\nu} \mathcal{C}_{\breve{p}\mu} C_{q\nu}(\mu\nu|f_{12}|Q)\,, \tag{4.93}$$

wobei ˘ die [T+V]-transformierten Orbitale kennzeichnet. Zur Verbesserung der Lesbarkeit wird zusätzlich noch ein kalligraphisches $\mathcal{C}$ verwendet. Weiterhin wird die abkürzende Notation

$$(\mathbf{m}q''|\mathrm{t}_{12}|\mathbf{n}I)^{[x]} \;=\; \check{X}_{\mathbf{mn}q''I}(\mathbf{m}q''|f_{12}|\mathbf{n}I)^{[x]} \tag{4.94}$$

eingeführt. Der Operator $\check{X}_{\mathbf{mn}pq}$ führt dabei eine symmetrisierte [T+V]-Transformation für beliebige 4-Index-Größen E durch:

$$\check{X}_{\mathbf{mn}pq}E(\mathbf{m},\mathbf{n},p,q) \;=\; E(\breve{\mathbf{m}},\mathbf{n},p,q) + E(\mathbf{m},\breve{\mathbf{n}},p,q) \\ -E(\mathbf{m},\mathbf{n},\breve{p},q) - E(\mathbf{m},\mathbf{n},p,\breve{q})\,. \tag{4.95}$$

Darüber hinaus sei eine weitere intermediäre Dichte Γ eingeführt:

$$\check{\Gamma}^{P}_{\mathbf{m}q''} \;=\; \Gamma^{P}_{\breve{\mathbf{m}}q''} - \Gamma^{P}_{\mathbf{m}\breve{q}''}\,. \tag{4.96}$$

Die intermediären Größen ermöglichen eine übersichtlichere Formulierung der 2-Index- und 3-Index-Dichten, welche mit den Ableitungen der Integrale kontrahiert werden.

Ableitung der 2-Index-Integrale

Zusammenfassend kann die Gesamtheit der Beiträge der abgeleiteten 2-Index-Integrale geschrieben werden als

$$E_{\Delta\mathrm{F}12}^{[x]} \leftarrow \sum_{PQ} (P|\mathfrak{f}_{12}|Q)^{[x]} \cdot {}^{\mathfrak{f}}\gamma_{PQ}\,, \tag{4.97}$$

wobei $\mathfrak{f}$ erneut jeden Integraltyp repräsentiert. In Anlehnung an die etablierte Literatur werden die neuen Dichten zur Kontraktion mit γ bezeichnet [133]. Für die Integrale, die nach dem robusten Density-Fitting berechnet werden, ergeben sich im

Einzelnen:

$$
{}^{fg}\gamma_{PQ} \;=\; -\sum_{kl}\sum_{ij} d^{fg}_{\mathbf{kl},ij}\, {}^{g}\Gamma^{P}_{\mathbf{ki}}\, {}^{g}\Gamma^{Q}_{\mathbf{lj}}\,, \tag{4.98}
$$

$$
{}^{f^2r^2}\gamma_{PQ} \;=\; -\sum_{klmn} d^{f^2r^2}_{\mathbf{kl},\mathbf{mn}}\, {}^{g}\Gamma^{P}_{\mathbf{km}}\, {}^{g}\Gamma^{Q}_{\mathbf{ln}}\,, \tag{4.99}
$$

$$
\begin{aligned}
{}^{f}\gamma_{PQ} \;=\; &-\sum_{kl}\left\{ \sum_{q''I} d^{f}_{\mathbf{kl},q''I}\, {}^{g}\Gamma^{P}_{\mathbf{kq''}}\, {}^{g}\Gamma^{Q}_{\mathbf{lI}} + \sum_{pq} d^{f}_{\mathbf{kl},pq}\, {}^{g}\Gamma^{P}_{\mathbf{kp}}\, {}^{g}\Gamma^{Q}_{\mathbf{lq}} \right\} \\
&-\sum_{mn}\left\{ \sum_{q''I} d^{t}_{\mathbf{mn},q''I}\left({}^{g}\check{\Gamma}^{P}_{\mathbf{mq''}}\, {}^{g}\Gamma^{Q}_{\mathbf{nI}} + {}^{g}\Gamma^{P}_{\mathbf{mq''}}\, {}^{g}\check{\Gamma}^{Q}_{\mathbf{nI}} \right) \right. \\
&\qquad\left. + \sum_{pq} d^{t}_{\mathbf{mn},pq}\left({}^{g}\check{\Gamma}^{P}_{\mathbf{mp}}\, {}^{g}\Gamma^{Q}_{\mathbf{nq}} + {}^{g}\Gamma^{P}_{\mathbf{mp}}\, {}^{g}\check{\Gamma}^{Q}_{\mathbf{nq}} \right) \right\}\,. \tag{4.100}
\end{aligned}
$$

Der Beitrag der abgeleiteten 2-Index-Integrale über den Operator g_{12} enthält Beiträge von allen Integralen, welche nach dem Density-Fitting berechnet werden:

$$
\begin{aligned}
{}^{g}\gamma_{PQ} \;=\;
&-\sum_{klmn} d^{f^2r^2}_{\mathbf{kl},\mathbf{mn}}\left\{ +\,{}^{g}\Gamma^{P}_{\mathbf{km}}\,{}^{f^2r^2}\tilde{\Gamma}^{Q}_{\mathbf{ln}} + {}^{g}\Gamma^{P}_{\mathbf{ln}}\,{}^{f^2r^2}\tilde{\Gamma}^{Q}_{\mathbf{km}} + {}^{f^2r^2}\Gamma^{P}_{\mathbf{km}}\,{}^{g}\Gamma^{Q}_{\mathbf{ln}} + {}^{g}\Gamma^{Q}_{\mathbf{km}}\,{}^{f^2r^2}\Gamma^{P}_{\mathbf{ln}} \right\} \\
&-\sum_{kl}\sum_{ij} d^{fg}_{\mathbf{kl},ij}\left\{ +\,{}^{g}\Gamma^{P}_{\mathbf{ki}}\,{}^{fg}\tilde{\Gamma}^{Q}_{\mathbf{lj}} + {}^{g}\Gamma^{P}_{\mathbf{lj}}\,{}^{fg}\tilde{\Gamma}^{Q}_{\mathbf{ki}} + {}^{fg}\Gamma^{P}_{\mathbf{ki}}\,{}^{g}\Gamma^{Q}_{\mathbf{lj}} + {}^{g}\Gamma^{Q}_{\mathbf{ki}}\,{}^{fg}\Gamma^{P}_{\mathbf{lj}} \right\} \\
&-\sum_{kl}\sum_{pq} d^{f}_{\mathbf{kl},pq}\left\{ +\,{}^{g}\Gamma^{P}_{\mathbf{kp}}\,{}^{f}\tilde{\Gamma}^{Q}_{\mathbf{lq}} + {}^{g}\Gamma^{P}_{\mathbf{lq}}\,{}^{f}\tilde{\Gamma}^{Q}_{\mathbf{kp}} + {}^{f}\Gamma^{P}_{\mathbf{kp}}\,{}^{g}\Gamma^{Q}_{\mathbf{lq}} + {}^{g}\Gamma^{Q}_{\mathbf{kp}}\,{}^{f}\Gamma^{P}_{\mathbf{lq}} \right\} \\
&-\sum_{kl}\sum_{q''I} d^{f}_{\mathbf{kl},q''I}\left\{ +\,{}^{g}\Gamma^{P}_{\mathbf{kq''}}\,{}^{f}\tilde{\Gamma}^{Q}_{\mathbf{lI}} + {}^{g}\Gamma^{P}_{\mathbf{lI}}\,{}^{f}\tilde{\Gamma}^{Q}_{\mathbf{kq''}} + {}^{f}\Gamma^{P}_{\mathbf{kq''}}\,{}^{g}\Gamma^{Q}_{\mathbf{lI}} + {}^{g}\Gamma^{Q}_{\mathbf{kq''}}\,{}^{f}\Gamma^{P}_{\mathbf{lI}} \right\} \\
&-\sum_{mn}\sum_{pq} d^{t}_{\mathbf{mn},pq}\check{X}_{mnpq}\left\{ +\,{}^{g}\Gamma^{P}_{\mathbf{mp}}\,{}^{f}\tilde{\Gamma}^{Q}_{\mathbf{nq}} + {}^{g}\Gamma^{P}_{\mathbf{nq}}\,{}^{f}\tilde{\Gamma}^{Q}_{\mathbf{mp}} + {}^{f}\Gamma^{P}_{\mathbf{mp}}\,{}^{g}\Gamma^{Q}_{\mathbf{nq}} + {}^{g}\Gamma^{Q}_{\mathbf{mp}}\,{}^{f}\Gamma^{P}_{\mathbf{nq}} \right\} \\
&-\sum_{mn}\sum_{q''I} d^{t}_{\mathbf{mn},q''I}\check{X}_{mnq''I}\left\{ +\,{}^{g}\Gamma^{P}_{\mathbf{mq''}}\,{}^{f}\tilde{\Gamma}^{Q}_{\mathbf{nI}} + {}^{g}\Gamma^{P}_{\mathbf{nI}}\,{}^{f}\tilde{\Gamma}^{Q}_{\mathbf{mq''}} + {}^{f}\Gamma^{P}_{\mathbf{mq''}}\,{}^{g}\Gamma^{Q}_{\mathbf{nI}} + {}^{g}\Gamma^{Q}_{\mathbf{mq''}}\,{}^{f}\Gamma^{P}_{\mathbf{nI}} \right\} \\
&-\sum_{ij}\left\{ \sum_{q''I} d^{g}_{ij,q''I}\, {}^{g}\Gamma^{P}_{ iq''}\, {}^{g}\Gamma^{Q}_{jI} + \sum_{pq} d^{g}_{ij,pq}\, {}^{g}\Gamma^{P}_{ip}\, {}^{g}\Gamma^{Q}_{jq} \right\}\,. \tag{4.101}
\end{aligned}
$$

Es sei darauf hingewiesen, dass gemäß Gl. (4.97) an dieser Stelle lediglich die F12-Beiträge notiert sind. Im Rahmen von RI-MP2-F12 müssen die Beiträge des konventionellen RI-MP2 addiert werden.

Ableitung der 3-Index-Integrale

Zusammenfassend kann die Gesamtheit der Beiträge der abgeleiteten 3-Index-Integrale geschrieben werden als

$$E^{[x]}_{\Delta\text{F12}} \leftarrow \sum_{\mu\nu P} (\mu\nu|f_{12}|P)^{[x]} \cdot {}^{f}\Delta^{P,\text{ao}}_{\mu\nu} \,. \tag{4.102}$$

Die benötigte Dichte wird mit Δ bezeichnet und in der kontravarianten ao-Basis notiert. Das Integral über den Operator g_{12} enthält Beiträge von allen anderen Integraltypen:

$$
\begin{aligned}
{}^{g}\Delta^{P,\text{ao}}_{\mu'\nu'} =\ & \sum_{\mathbf{kl}}\sum_{ij} d^{fg}_{\mathbf{kl},ij} \left\{ C_{\mathbf{k}\mu'}C_{i\nu'}[{}^{fg}\Gamma^{P}_{\mathbf{l}j} + {}^{fg}\tilde{\Gamma}^{P}_{\mathbf{l}j}] + C_{\mathbf{l}\mu'}C_{j\nu'}[{}^{fg}\Gamma^{P}_{\mathbf{k}i} + {}^{fg}\tilde{\Gamma}^{P}_{\mathbf{k}i}] \right\} \\[4pt]
& + \sum_{\mathbf{kl}}\sum_{\mathbf{mn}} d^{f^2r^2}_{\mathbf{kl},\mathbf{mn}} \left\{ C_{\mathbf{k}\mu'}C_{\mathbf{m}\nu'}[{}^{f^2r^2}\Gamma^{P}_{\mathbf{ln}} + {}^{f^2r^2}\tilde{\Gamma}^{P}_{\mathbf{ln}}] + C_{\mathbf{l}\mu'}C_{\mathbf{n}\nu'}[{}^{f^2r^2}\Gamma^{P}_{\mathbf{km}} + {}^{f^2r^2}\tilde{\Gamma}^{P}_{\mathbf{km}}] \right\} \\[4pt]
& + \sum_{\mathbf{kl}}\sum_{pq} d^{f}_{\mathbf{kl},pq} \left\{ C_{\mathbf{k}\mu'}C_{p\nu'}[{}^{f}\Gamma^{P}_{\mathbf{l}q} + {}^{f}\tilde{\Gamma}^{P}_{\mathbf{l}q}] + C_{\mathbf{l}\mu'}C_{q\nu'}[{}^{f}\Gamma^{P}_{\mathbf{k}p} + {}^{f}\tilde{\Gamma}^{P}_{\mathbf{k}p}] \right\} \\[4pt]
& + \sum_{\mathbf{kl}}\sum_{q''I} d^{f}_{\mathbf{kl},q''I} \left\{ C_{\mathbf{k}\mu'}C_{q''\nu'}[{}^{f}\Gamma^{P}_{\mathbf{l}I} + {}^{f}\tilde{\Gamma}^{P}_{\mathbf{l}I}] + C_{\mathbf{l}\mu'}C_{I\nu'}[{}^{f}\Gamma^{P}_{\mathbf{k}q''} + {}^{f}\tilde{\Gamma}^{P}_{\mathbf{k}q''}] \right\} \\[4pt]
& + \sum_{\mathbf{mn}}\sum_{pq} d^{t}_{\mathbf{mn},pq}\check{X}_{\mathbf{mn}pq} \left\{ C_{\mathbf{m}\mu'}C_{p\nu'}[{}^{f}\Gamma^{P}_{\mathbf{n}q} + {}^{f}\tilde{\Gamma}^{P}_{\mathbf{n}q}] + C_{\mathbf{n}\mu'}C_{q\nu'}[{}^{f}\Gamma^{P}_{\mathbf{m}p} + {}^{f}\tilde{\Gamma}^{P}_{\mathbf{m}p}] \right\} \\[4pt]
& + \sum_{\mathbf{mn}}\sum_{q''I} d^{t}_{\mathbf{mn},q''I}\check{X}_{\mathbf{mn}q''I} \left\{ C_{\mathbf{m}\mu'}C_{q''\nu'}[{}^{f}\Gamma^{P}_{\mathbf{n}I} + {}^{f}\tilde{\Gamma}^{P}_{\mathbf{n}I}] + C_{\mathbf{n}\mu'}C_{I\nu'}[{}^{f}\Gamma^{P}_{\mathbf{m}q''} + {}^{f}\tilde{\Gamma}^{P}_{\mathbf{m}q''}] \right\} \\[4pt]
& + \sum_{ijpq} d^{g}_{pq,ij} \left\{ C_{i\mu'}C_{p\nu'}{}^{g}\Gamma^{P}_{ip} + C_{j\mu'}C_{q\nu'}{}^{g}\Gamma^{P}_{jq} \right\} \\[4pt]
& + \sum_{ijq''I} d^{g}_{q''I,ij} \left\{ C_{i\mu'}C_{q''\nu'}{}^{g}\Gamma^{P}_{ip} + C_{j\mu'}C_{I\nu'}{}^{g}\Gamma^{P}_{jI} \right\} \,.
\end{aligned}
\tag{4.103}
$$

Das Integral über f_{12} setzt sich aufgrund der [T+V]-Näherung aus Termen aus der Matrix $\mathbf{V}$ sowie der Matrix $\mathbf{B}$ zusammen:

$$
\begin{aligned}
{}^{f}\Delta^{P,\text{ao}}_{\mu'\nu'} =\ & + \sum_{\mathbf{kl}}\sum_{q''I} d^{f}_{\mathbf{kl},q''I} \left\{ C_{\mathbf{k}\mu'}C_{q''\nu'}{}^{g}\Gamma^{P}_{\mathbf{l}I} + C_{\mathbf{l}\mu}C_{I\nu}{}^{g}\Gamma^{P}_{\mathbf{k}q''} \right\} \\[4pt]
& + \sum_{\mathbf{mn}}\sum_{q''I} d^{t}_{\mathbf{mn},q''I}\check{X}_{\mathbf{mn}q''I} \left\{ C_{\mathbf{m}\mu'}C_{q''\nu'}{}^{g}\Gamma^{P}_{\mathbf{n}I} + C_{\mathbf{n}\mu}C_{I\nu}{}^{g}\Gamma^{P}_{\mathbf{m}q''} \right\} \\[4pt]
& + \sum_{\mathbf{kl}}\sum_{pq} d^{f}_{\mathbf{kl},pq} \left\{ C_{\mathbf{k}\mu'}C_{p\nu'}{}^{g}\Gamma^{P}_{\mathbf{l}q} + C_{\mathbf{l}\mu'}C_{q\nu'}{}^{g}\Gamma^{P}_{\mathbf{k}p} \right\} \\[4pt]
& + \sum_{\mathbf{mn}}\sum_{pq} d^{t}_{\mathbf{mn},pq}\check{X}_{\mathbf{mn}pq} \left\{ C_{\mathbf{m}\mu'}C_{p\nu'}{}^{g}\Gamma^{P}_{\mathbf{n}q} + C_{\mathbf{n}\mu'}C_{q\nu'}{}^{g}\Gamma^{P}_{\mathbf{m}p} \right\} \,.
\end{aligned}
\tag{4.104}
$$

Man beachte, dass für das f-Integral und das folgende g-Integral die Transformation in die vereinigte Basis erfolgt. Für die anderen Integrale wird nur die kleinere Orbitalbasis verwendet:

$$
{}^{fg}\Delta^{P,\text{ao}}_{\mu\nu} = \sum_{\mathbf{kl}} \sum_{ij} d^{fg}_{\mathbf{kl},ij} \left\{ C_{\mathbf{k}\mu} C_{i\nu} {}^{g}\Gamma^P_{\mathbf{l}j} + C_{\mathbf{l}\mu} C_{j\nu} {}^{g}\Gamma^P_{\mathbf{k}i} \right\} ,
\tag{4.105}
$$

$$
{}^{f^2 r^2}\Delta^{P,\text{ao}}_{\mu\nu} = \sum_{\mathbf{klmn}} d^{f^2 r^2}_{\mathbf{kl},\mathbf{mn}} \left\{ C_{\mathbf{k}\mu} C_{\mathbf{m}\nu} {}^{g}\Gamma^P_{\mathbf{ln}} + C_{\mathbf{l}\mu} C_{\mathbf{n}\nu} {}^{g}\Gamma^P_{\mathbf{km}} \right\} .
\tag{4.106}
$$

4.5 Gradient für CABS-Singles

Die Vorgehensweise zur Berechnung des Gradienten für die CABS-Singles erfolgt analog zur bisher vorgestellten. Der Gradient enthält ebenfalls Beiträge aufgrund der abgeleiteten Integralmatrizen sowie der Reorthonormierung. Die Ableitung der Integralmatrizen lässt sich für die 1-Elektronen-Operatoren übersichtlich wie folgt ausdrücken:

$$
E^{[x]}_{\Delta s} \leftarrow \sum_{Ip''} \left(\sum_{Jq''} c^{p''}_I (\delta_{IJ} h^{[x]}_{p''q''} - \delta_{p''q''} h^{[x]}_{IJ}) c^{q''}_J + 2 c^{p''}_I h^{[x]}_{Ip''} \right) .
\tag{4.107}
$$

Analoge Terme treten für die 2-Elektronen-Integrale auf

$$
E^{[x]}_{\Delta s} \leftarrow \sum_{Ip''} \left(\sum_{Jq''} c^{p''}_I (\delta_{IJ} G^{[x]}_{p''q''} - \delta_{p''q''} G^{[x]}_{IJ}) c^{q''}_J + 2 c^{p''}_I G^{[x]}_{Ip''} \right) ,
\tag{4.108}
$$

wenn man den Coulomb- und Austauschbeitrag zu G zusammenfasst. Für die Implementierung wird auf Kap. 5 verwiesen.

Zur Berechnung der energiegewichteten Dichte muss – analog zum 2-Teilchen-Funktional – der Projektionsoperator $\hat{Q}$ explizit berücksichtigt werden. Damit ergeben sich im Rahmen der Reorthonormierung als äußere Beiträge zum Gradienten:

$$
\begin{aligned}
E^{[x]}_{\Delta s} \leftarrow\ & 2 \sum_{p''I} d_{p''I} \left(\sum_{r''} \left(-\frac{1}{2}\right) S^{[x]}_{p''r''} F_{r''I} + \sum_{K} \left(-\frac{1}{2}\right) S^{[x]}_{KI} F_{p''K} - \sum_{r} (+1) S^{[x]}_{p''r} F_{rI} \right) \\
& + \sum_{p''q''} d_{p''q''} \left(\sum_{r''} \left(-\frac{1}{2}\right) S^{[x]}_{p''r''} F_{r''q''} + \sum_{r''} \left(-\frac{1}{2}\right) S^{[x]}_{q''r''} F_{r''p''} \right. \\
& \hspace{8.5cm} \left. -2 \sum_{K} (+1) S^{[x]}_{p''K} F_{Kq''} \right) \\
& - \sum_{IJ} d_{IJ} \sum_{p} \left(\left(-\frac{1}{2}\right) S^{[x]}_{Ip} F_{pJ} + \left(-\frac{1}{2}\right) S^{[x]}_{Jp} F_{pI} \right) .
\end{aligned}
\tag{4.109}
$$

Zusätzlich erhält man die inneren Beiträge aus den Coulomb- und Austausch-Termen der Fock-Matrix (vgl. Gl. (4.30)):

$$
\begin{aligned}
F_{Kr}^{\text{eff},\Delta s} \leftarrow \quad & -\frac{1}{2} \sum_{p''q''} d_{p''q''}(1 + \hat{P}_{rK}) \left(2(p''q''|g_{12}|rK) - (p''r|g_{12}|q''K) \right) \\
& +\frac{1}{2} \sum_{IJ} d_{IJ}(1 + \hat{P}_{rK}) \left(2(IJ|g_{12}|rK) - (Ir|g_{12}|JK) \right) \\
& -\sum_{p''I} d_{p''I}(1 + \hat{P}_{rK}) \left(2(Ip''|g_{12}|rK) - (Ir|g_{12}|p''K) \right) .
\end{aligned}
\tag{4.110}
$$

5. Implementierung

Die Implementierung der Gradienten erfolgte in das RICC2-Modul [62, 133, 134] des Programmpakets TURBOMOLE [61]. Im Rahmen der vorliegenden Arbeit wurde zunächst die Energieberechnung der Methode MP2-F12 um STG-Funktionen, Näherung B sowie die Verwendung einer RI-JK-Basis erweitert [55]. An dieser Stelle soll ausschließlich die Parallelisierung mithilfe der OpenMP-Programmierung vorgestellt werden, mit der alle auf einem Computer vorhandenen Prozessoren genutzt werden können.

Die Implementierung der Gradienten stellt ihrerseits eine Erweiterung der MP2-F12-Energieberechnung sowie der bereits vorhandenen RI-MP2-Gradienten [135] dar. In diesem Kapitel wird anhand von Beispielen der Ablauf einer Gradientenberechnung diskutiert. Nach Aufzeigen der allgemeinen Vorgehensweise erfolgt die Berechnung der relaxierten Dichte und abschließend die Erläuterung der eigentlichen Gradientenbeiträge.

5.1 OpenMP-Parallelisierung

Für die Energieberechnung erfolgte neben verschiedenen Vorarbeiten die Parallelisierung mittels OpenMP-Programmierung. Bei OpenMP handelt es sich um Compiler-Direktiven, mit denen mehrere Prozessoren auf einem Knoten angesprochen werden können. Diese teilen sich den Arbeitsspeicher (*shared memory*) und ermöglichen daher beispielsweise parallelisierte Matrix-Matrix-Multiplikationen, ohne dass die Teilmatrizen über ein Netzwerk an einen anderen Computer gesendet werden müssen. In der vorhandenen Implementierung werden die zeitkritischen Schritte, die analog zu Schritten in der RI-MP2-Methode sind – zum Beispiel die Berechnung von 3-Index-Integralen – von bereits vorhandenen, parallelisierten Routinen des RICC2-Programms durchgeführt. Die Parallelisierung im Rahmen der vorliegenden Arbeit beschränkt sich daher auf die zeitkritische F12-Routine `bvdirect`, für die es kein Analogon bei einer RI-MP2-Berechnung gibt. In der Routine werden

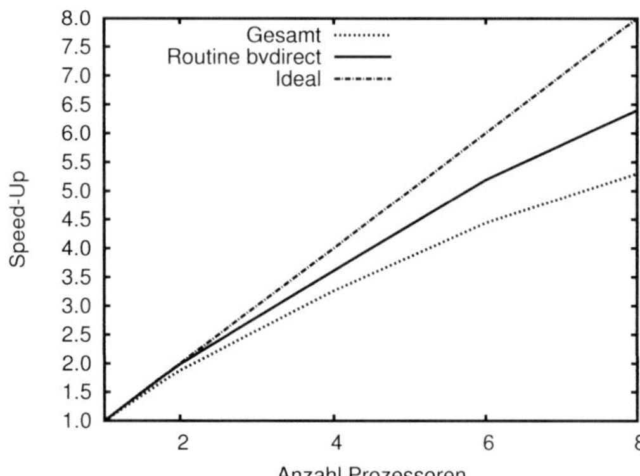

Abb. 5.1: Speed-Up durch Parallelisierung mittels OpenMP-Programmierung. Die Beispiele wurden auf einem AMD-Knoten mit 8 Prozessoren (á 1.8 GHz) mit 32 GB Hauptspeicher und 932 GB Massenspeicher durchgeführt. Zahl der Elektronen: 138; Zahl der kontrahierten Basisfunktionen: Orbitalbasis 1169, CABS 1794, DF-Hilfsbasis 4938.

zunächst 4-Index-Integrale intermediär in jeweils N^5-Schritten erzeugt und anschließend die Matrizen **B** sowie **V** in einem N^6-Schritt berechnet, wobei N ein Maß für die Systemgröße (z.B. Anzahl der Elektronen oder Basisfunktionen) sei. Werden nur die Diagonalen der beiden Matrizen benötigt (*fix*-Methode), sinkt die Skalierung auf $\mathcal{O}(N^5)$, wobei nun die Berechnung der 4-Index-Größen den Schritt mit der höchsten Skalierung darstellt.

Neben der Implementierung der Compiler-Befehle wurde darüber hinaus der vorhandene Algorithmus derart modifiziert, dass stets genügend Daten für alle Prozessoren im Speicher vorhanden sind. Folglich steigt der Speicherbedarf leicht im Vergleich zum sequentiellen Fall.

Die Effizienz der Parallelisierung soll auf einem Computer mit 8 Prozessoren (siehe Abb. 5.1) anhand des Leflunomids (siehe Abb. 5.2) in der Basis cc-pVTZ-F12 diskutiert werden. Die Diagonale zeigt den Fall einer 100%-igen Parallelisierung an, die beiden anderen Kurven zeigen, um welchen Faktor sich die Energieberechnung beschleunigt. Bei Betrachtung der Routine `bvdirect` erkennt man, dass bei Einsatz von 8 Prozessoren nahezu ein Speed-Up von 6.5 erreicht wird. Die Differenz zum idealen Wert von 8.0 ist im Schreiben und Einlesen der 3-Index-Größen von der Fest-

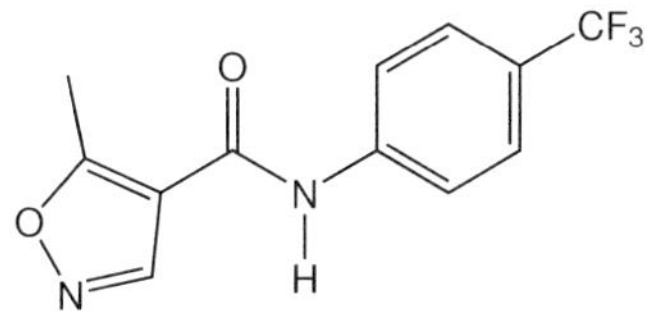

Abb. 5.2: Strukturformel des Leflunomids.

platte begründet; ein Vorgang, der im Rahmen der OpenMP-Programmierung nicht parallelisierbar ist. Im Vergleich hierzu fällt der Speed-Up der Gesamt-Rechenzeit deutlich auf etwa 5.3 ab. Der an dieser Stelle auftretende Zeitverlust ist bedingt durch die deutlich größere Anzahl an Daten, die von der Festplatte gelesen bzw. auf diese geschrieben werden müssen.

Zur Vermeidung dessen müsste der gesamte Algorithmus – d.h. die bestehende Implementierung – dahingehend geändert werden, dass ein möglichst direkter Algorithmus mit einer reduzierten Anzahl an Lese- und Schreibvorgängen auf der Festplatte verwendet wird.

5.2 Ablauf einer Gradientenberechnung

Der gewählte Algorithmus zur Berechnung der analytischen Gradienten für den Grundzustand kann in die im Folgenden besprochenen drei Abschnitte unterteilt werden.

5.2.1 Intermediate

Zunächst werden alle benötigten Intermediate der F12-Integrale berechnet und auf der Festplatte abgespeichert. Zentral hierbei ist das Ausnutzen des Density-Fittings, wie bereits in Kap. 4.4 beschrieben. Wichtige Größen in diesem Zusammenhang sind

$$\langle ij|f_{12}|pq\rangle \;=\; \sum_{P} \left(G_{ip}^{P}\tilde{F}_{jq}^{P} + \tilde{F}_{ip}^{P}G_{jq}^{P} \right) , \tag{5.1}$$

$$\langle ij|t_{12}|pq\rangle \;=\; \sum_{P} \left(Y_{ip}^{P}F_{jq}^{P} + F_{ip}^{P}Y_{jq}^{P} + \tilde{Z}_{ip}^{P}G_{jq}^{P} + G_{ip}^{P}\tilde{Z}_{jq}^{P} \right) . \tag{5.2}$$

Die benötigten 3-Index-Integrale über die Operatoren g_{12} (G_{pq}^{P}), f_{12} (F_{pq}^{P}) und weitere (Y_{pq}^{P}, Z_{pq}^{P}) sowie die durch eine Tilde gekennzeichneten folgenden Größen werden in

Ref. [134] detailliert beschrieben. Es sei angemerkt, dass die Tilde eine Symmetrisierung mit den 2-Index-Integralen U_{PQ} über den entsprechenden Operator (hier: f_{12}) beschreibt

$$\tilde{F}_{pq}^{P} = F_{pq}^{P} - \frac{1}{2} \sum_{Q} {}^{f}U_{PQ} G_{pq}^{Q} , \qquad (5.3)$$

so dass mehrere Kontraktionen entfallen [134]. Entsprechend ist die Größe $\tilde{Z}_{pq}^{P}$ definiert.

5.2.2 Berechnung intermediärer Dichten

Für die Berechnung der intermediären Dichten werden im Programm alle Größen in Schleifen abgearbeitet (s.u.). Die beiden entscheidenden Vorteile hierbei sind, dass das Programm benötigte Größen automatisch anfordert und darüber hinaus leicht erweiterbar ist. Dabei wird zunächst eine 4-Index-Größe mit den Amplituden und danach mit Intermediaten kontrahiert, so dass keine Varianten der Matrizen **B** oder **V** mit einem virtuellen Index explizit berechnet oder auf Festplatte gespeichert werden müssen. Auf der Festplatte werden nur die Größen dauerhaft gespeichert, die direkt mit den abgeleiteten Integralen kontrahiert werden; hierzu zählen beispielsweise die effektive Fock-Matrix, der F12-Beitrag zur rechten Seite des Z-Vektors oder die Dichten γ bzw. Δ für die abgeleiteten 2-Elektronen-Operatoren.

Im Folgenden soll u.a. das erwähnte Schleifenschema anhand der Berechnung der äußeren Beiträge zur rechten Seite des Z-Vektors (bzw. zur effektiven Fock-Matrix) erläutert werden.

Beiträge zum Z-Vektor

Die Berechnung der Beiträge zur rechten Seite des Z-Vektors erfolgt gemäß Gl. (4.59). Der Algorithmus beginnt mit den fg- und f^2r^2-Termen, bei denen die 4-Index-Integrale zunächst in jeweils einem N^5-Schritt berechnet und anschließend in einem N^4-Schritt mit den Amplituden kontrahiert werden. Anschließend erfolgt die Berechnung höher skalierender Terme, wie beispielsweise:

$$\eta_{bJ}^{\Delta F12} \quad \leftarrow \quad \sum_{i\mathbf{kl}} d_{iJ}^{\mathbf{kl}} \sum_{Iq''} \langle \mathbf{kl}|f_{12}|Iq''\rangle \langle Iq''|g_{12}|ib\rangle . \qquad (5.4)$$

Berechnet man eine Kontraktion, hält das Ergebnis im Speicher und führt mit diesem die zweite Kontraktion aus, skaliert die Berechnung wie die der Energie mit $\mathcal{O}(N^6)$ – aufgrund des virtuellen Index allerdings mit deutlich größerem Vorfaktor. Analog zum $\mathcal{O}(N^5)$-skalierenden RI-MP2-Verfahren [132] kann weder für die Energie-

$$\eta_{ib}^{\Delta\mathrm{F12}} \;\leftarrow\; \sum_{I} \sum_{Q} {}^{\delta}R_{bI}^{Q} \underbrace{\sum_{jq''} \overbrace{\sum_{\mathbf{kl}} d_{ij}^{\mathbf{kl}} \langle \mathbf{kl}|o_{12}|Iq''\rangle}^{D_{ij}^{Iq''}} {}^{\delta}\mathcal{R}_{jq''}^{Q}}_{C_{iI}^{Q}}$$

```
read d^kl_ij                                              O(n^4_occ)
loop q'' (Untermenge der CABS-Orbitale)
   read ^δR^Q_jq''                                        O(n_occ N_C N_x)
   loop I
      read ^δR^Q_b[I]                                     O(n_vir N_x)
      read O^kl_[I]q'' = ⟨kl|o_12|Iq''⟩                   O(n^2_occ N_C)
      loop i
         loop q'' ∈ q''
            make D^[Iq'']_[i]j = ddot(kl ; d^kl_ij ; O^kl_[I]q'')   O(n_occ)
            increment C^Q_[iI] ← ddot(j ; D^[Iq'']_[i]j ; ^δR^Q_jq'')   O(N_x)
         end loop q''
         loop b: increment η^ΔF12_ib ← ddot(Q ; C^Q_[iI] ; ^δR^Q_b[I])
      end loop i
   end loop I
end loop q''
```

Abb. 5.3: Schema der Implementierung zur Berechnung von Beiträgen auf den Z-Vektor $\eta_{ib}^{\Delta\mathrm{F12}}$ für die „äußeren Beiträge". δ steht für den DF-Term und R, $\mathcal{R}$ müssen entsprechend eingesetzt werden. In Klammern ist der Speicherbedarf angegeben. $N_{\underline{C}}$ steht für die Größe des CABS-Blocks, N_x für die der C-Fitting-Basis.

noch die Gradientenbeiträge im Rahmen von RI-MP2-F12 das formale Skalierungsverhalten durch die Verwendung von Density-Fitting abgesenkt werden. Der Vorteil des Density-Fittings besteht vielmehr in der Absenkung der Skalierung der Integraltransformationen um eine Größenordnung, sowie der Verkleinerung der Vorfaktoren der N^5-Schritte und dem verminderten Speicherbedarf. Dies wird deutlich, vergleicht man Gl. (5.4) mit Abb. 5.3. Im Rahmen der Implementierung erfolgt dabei eine geblockte Schleife über die CABS-Orbitale, so dass redundantes Einlesen vermieden wird. Die Notwendigkeit hierfür besteht, da die maximale l-Quantenzahl der CABS-Basis mit $3l_{occ}$ vergleichsweise groß sein muss, wobei l_{occ} die l-Quantenzahl der besetzten Orbitale ist [10].

Im Rahmen der Frozen-Core-Näherung müssen bei der analytischen Berechnung von relaxierten Eigenschaften neben besetzt-virtuellen Orbitalrotationen auch beispielsweise solche von eingefroren-besetzt nach aktiv-besetzt betrachtet werden. Das bereits angesprochene Schleifenschema kann so verstanden werden, dass um den gesamten Algorithmus in Abb. 5.3 mehrere Schleifen gesetzt sind. Innerhalb dieser wird festgelegt, welcher Block des Z-Vektors berechnet wird, oder ob es sich um Beiträge der Matrix **B** oder **V** handelt. Diese Informationen definieren u.a. die Dimensionen von Matrizen und Dateinamen für Integraldateien. Anschließend erfolgt das Durchlaufen des Algorithmus in Abb. 5.3. Nach Beendigung werden die Dimensionen und Dateinamen umgesetzt und der Algorithmus wird erneut durchlaufen. Aufgrund deutlich verschiedener Anforderungen wurde ein solches Schema jeweils für die unterschiedlichen Arten der Dichten implementiert. Im Vordergrund dieser Vorgehensweise stehen Übersichtlichkeit und leichte Erweiterbarkeit.

Alle in diesem Schritt berechneten Dichten werden derart auf Festplatte abgespeichert, dass sie im weiteren Programmablauf eingelesen und direkt verwendet werden können. So erfolgt beispielsweise in einem Zwischenschritt die Transformation der 3-Index-Dichten Δ in die kontravariante ao-Basis.

CABS-Singles

Da CABS-Singles eine störungstheoretische Korrektur mit vergleichsweise kleiner Größenordnung darstellen, soll der Aufwand zur Berechnung nicht überproportional groß werden. Dies würde jedoch bei exakter Berechnung der benötigten 4-Index-Integrale mit zwei CABS-Indizes geschehen. Deshalb wurde die Berechnung der erweiterten Fock-Matrix, bei der mindestens ein Index einem CABS-Orbital zugeordnet ist, bereits für die Energieberechnung im Programm R$\textsc{icc}$2 ausschließlich im Rahmen der RI-JK-Näherung implementiert. Allein der zweite Term des CABS-

Singles-Funktionals in Gl. (2.57) wird mit exakten 4-Index-Integralen berechnet.

Im Rahmen der vorliegenden Arbeit wird die zusätzliche Näherung eingeführt, den zweiten Term ebenfalls mithilfe der RI-JK-Näherung zu berechnen. Numerische Tests zeigen, dass sich die Abweichungen unterhalb der signifikanten Stellen bewegen. Die Ableitung der exakten 4-Index-Integrale wird vermieden und es werden nur Integralableitungen von 2- bzw. 3-Index-Integralen und die entsprechenden Dichten $_{JK}\gamma$ bzw. $_{JK}\Delta$ benötigt.

Die Berechnung der weiteren Beiträge erfolgt, indem die Beiträge der CABS-Singles berechnet und direkt auf die entsprechenden F12-Dichten addiert werden. Hierzu zählen z.B. die Ableitungen der 1-Elektronen-Operatoren in Gl. (4.107)

$$\mathbf{H} \;\leftarrow\; \mathbf{d}_{p''q''} \,\oplus\, -\mathbf{d}_{IJ} \,\oplus\, 2\mathbf{d}_{p''I}\,, \tag{5.5}$$

mit den Definitionen aus Gl. (4.39) und (4.72) sowie die Reorthonormierung. Die Notation bedeutet, dass die Beiträge der unrelaxierten Dichte auf die jeweiligen Blöcke der zu dem Zeitpunkt im Programmablauf bereits existierenden Matrix $\mathbf{H}$ hinzuaddiert werden. Diese entsprechen genau den Dichten der unrelaxierten Beiträge zum Dipolmoment in Gl. (4.40).

5.2.3 Berechnung der Gradientenbeiträge

Nach Berechnung aller benötigten Intermediate – hierzu zählen sowohl die effektive Fockmatrix $\mathbf{F}^{\text{eff}}$ (und damit die Beiträge zum Z-Vektor) als auch die 2-Index- und 3-Index-Dichten γ bzw. Δ – können die Gradienten für explizit korrelierte Störungstheorie vollkommen analog zu denen für konventionelles RI-MP2 berechnet werden. Daher wurde für die Integralableitungen die Strategie verfolgt, die vorhandenen Routinen des Ricc2 zu verwenden und auf das Einlesen mehrerer Dichten zu erweitern. Darüber hinaus wurden die Integralroutinen für die benötigten abgeleiteten Integrale erweitert.

Hierzu kann als einfaches Beispiel die Berechnung der Lagrange-Multiplikatoren angeführt werden: Die neuen Beiträge werden von der Festplatte eingelesen und zur rechten Seite des konventionellen Z-Vektors addiert. Die so modifizierte rechte Seite wird mit dem üblichen, unveränderten Algorithmus iterativ gelöst; dieser wurde u.a. in Ref. [136] beschrieben.

Integralableitungen

Abschließend werden die Beiträge nach Gl. (4.71) ausgerechnet. Am rechenaufwändigsten gestalten sich die Terme der abgeleiteten 3-Index- sowie 4-Index-Integrale, wobei letztere aus dem Gradient des SCF-Verfahrens stammen. Auch hier wurde die Berechnungsstruktur im Vergleich zur bestehenden Implementierung [131, 136] beibehalten. Die Modifizierung bestand in der Einführung von Schleifen, um die verschiedenen Integraltypen nacheinander abzuarbeiten und mit der jeweils entsprechenden Dichte zu kontrahieren. Die Dichten liegen für die abgeleiteten 2-Elektronen-2-Index-Integrale in der SAO-Basis vor, wohingegen die 3-Index-Dichten bereits einen rücktransformierten Index in der kontravarianten ao-Basis aufweisen. Letztere werden in einer über den ao-Index geblockten Schleife on-the-fly konstruiert und direkt mit den abgeleiteten 3-Zentren-Integralen kontrahiert [136]. Für die Dichten im Rahmen der [T+V]-Näherung muss dabei bedacht werden, dass folgende Terme (vgl. Gl. (4.104) und (4.103)) nicht nur die normalen MOs $\mathbf{C}$, sondern ebenfalls die transformierten MOs $\mathcal{C}$ benötigen:

$$
{}^{F}\Delta^{P,\mathrm{ao}}_{\mu'\nu'} = -\sum_{\mathbf{mn}}\sum_{pq} d^{t}_{\mathbf{mn},pq}\left\{ \mathcal{C}_{\hat{\mathbf{m}}\mu'}C_{p\nu'}\,{}^{g}\Gamma^{P}_{\mathbf{n}q} + \mathcal{C}_{\check{\mathbf{n}}\mu'}C_{q\nu'}\,{}^{g}\Gamma^{P}_{\mathbf{m}p}\right\}, \tag{5.6}
$$

$$
\begin{aligned}
{}^{G}\Delta^{P,\mathrm{ao}}_{\mu'\nu'} = -\sum_{\mathbf{mn}}\sum_{pq} d^{t}_{\mathbf{mn},pq}\Big\{ &\mathcal{C}_{\hat{\mathbf{m}}\mu'}C_{p\nu'}[\,{}^{f}\Gamma^{P}_{\mathbf{n}q} + {}^{f}\tilde{\Gamma}^{P}_{\mathbf{n}q}] \\
&+ \mathcal{C}_{\check{\mathbf{n}}\mu'}C_{q\nu'}[\,{}^{f}\Gamma^{P}_{\mathbf{m}p} + {}^{f}\tilde{\Gamma}^{P}_{\mathbf{m}p}]\Big\}.
\end{aligned} \tag{5.7}
$$

Gleiches gilt für weitere Beiträge (man ersetze pq durch Iq'' bzw. $q''I$). Es sei angemerkt, dass die Sortierung der Basisfunktionen und der MOs aus den Routinen der Energieberechnung übernommen wurde. Hierbei sind für die vereinigte Basis die MOs nach Orbitalbasis und CABS getrennt, wohingegen die Basisfunktionen für effiziente Integralberechnungen entsprechend den TURBOMOLE-Vorgaben geordnet sind. Umgekehrt können alle Größen in der MO-Basis ebenfalls in Orbitalbasis und CABS aufgetrennt werden; bei Dichten in der ao-Basis ist dies nicht der Fall.

CABS-Singles

Im Rahmen der CABS-Singles wird ein JK-Basissatz verwendet, so dass neue Integralableitungen und dazugehörige Dichten benötigt werden. Die Berechnung der Integralableitungen wie die Kontraktion mit den Dichten erfolgt in einer Unterroutine, die analog zur bisher erläuterten Vorgehensweise die notwendigen Berechnungen für die JK-Fitting-Basis durchführt.

6. Bewertung

Nach der Beschreibung der Methodik und technischen Umsetzung soll in diesem Kapitel auf die Genauigkeit der Ergebnisse eingegangen werden. Anhand numerischer Untersuchungen wird zunächst gezeigt, dass die Wahl der Näherungen einen geringeren Einfluss auf das Ergebnis hat als die Wahl der Basis. Es folgt der Vergleich zwischen RI-MP2 und RI-MP2-F12/3A*-[T+V] am Beispiel analytischer Berechnungen von Dipolmomenten und molekularen Geometrien mit Schwerpunkt auf der Basissatzkonvergenz. Es wird gezeigt, dass explizit korrelierte Wellenfunktionen für Dimere den Fehler durch Basissatz-Überlagerungen deutlich reduzieren.

6.1 Numerische Untersuchungen

Die beiden wichtigsten Schritte in der Weiterentwicklung der explizit korrelierten Methoden bestanden im Übergang vom linearen R12- zum STG-Korrelationsfaktor und der Verwendung von Ansatz 3. Drückt man die Güte der 1-Teilchen-Basis mithilfe der Kardinalzahl aus, so ermöglichen es diese Schritte Ergebnisse von quintuple-ζ-Qualität bereits unter Verwendung einer triple-ζ-Orbitalbasis zu erhalten. Einzige Approximationen hierbei sind die RI-Näherung, mit deren Hilfe Mehrelektronen-Integrale auf 2-Elektronen-Integrale reduziert werden, sowie die Annahme des GBC.

Die hohe Genauigkeit wird auch durch die Verwendung der beiden weiteren Approximationen Standardnäherung A und Annahme des EBC nicht eingeschränkt, wie die folgenden numerischen Untersuchungen zeigen. Hier angeführt sind Abweichungen von Bindungslängen und -winkeln nach numerischen Geometrieoptimierungen. Analoges Vorgehen für Dipolmomente führt zu dem gleichen Ergebnis [69].

Tab. 6.1 beinhaltet in Spalte B Ergebnisse aus Rechnungen mit den wenigsten Approximationen und kann somit als Referenz zum Vergleich mit den restlichen Spalten dienen. Die numerischen Geometrieoptimierungen zeigen auf, dass die Strukturen mit Näherung A* maximal 0.13° bzw. 0.04 pm von den Ergebnissen oh-

Tab. 6.1: Numerisch optimierte Geometrien mit Ansatz 3 ohne CABS-Singles. Der Buchstabe (A,B) steht für die Standardnäherung, die Indizierung * für die Annahme des EBC. Interatomare Abstände R sind in pm angegeben, die Winkel $\sphericalangle$ in Grad.

Basis	Molekül	Parameter	A	A*	B	B*
cc-pVDZ-F12	CH_2 ($^1A_1$)	R_{C-H}	+0.03	+0.01	110.35	-0.02
		$\sphericalangle_{H-C-H}$	+0.01	0.00	102.02	0.00
	CO	R_{C-O}	-0.01	+0.02	113.80	+0.01
	H_2O	R_{O-H}	+0.01	+0.02	96.10	+0.01
		$\sphericalangle_{H-O-H}$	-0.02	-0.02	104.18	0.00
	HF	R_{F-H}	0.00	+0.01	92.14	0.00
	NH_3	R_{N-H}	+0.03	+0.04	101.22	0.00
		$\sphericalangle_{H-N-H}$	-0.08	-0.13	106.47	-0.04
	OH	R_{O-H}	+0.01	+0.01	96.91	0.00
cc-pVTZ-F12	CH_2 ($^1A_1$)	R_{C-H}	-0.01	-0.01	110.26	0.00
		$\sphericalangle_{H-C-H}$	+0.02	+0.02	102.22	0.00
	CO	R_{C-O}	-0.01	-0.02	113.42	-0.01
	H_2O	R_{O-H}	0.00	0.00	95.90	0.00
		$\sphericalangle_{H-O-H}$	+0.01	0.00	104.35	-0.01
	HF	R_{F-H}	-0.01	0.00	91.95	0.00
	NH_3	R_{N-H}	0.00	-0.01	101.00	0.00
		$\sphericalangle_{H-N-H}$	0.00	-0.01	106.97	-0.01
	OH	R_{O-H}	-0.01	-0.01	96.72	-0.01
cc-pVQZ-F12	CH_2 ($^1A_1$)	R_{C-H}	0.00	-0.01	110.22	0.00
		$\sphericalangle_{H-C-H}$	+0.01	0.00	102.28	0.00
	CO	R_{C-O}	-0.01	-0.02	113.39	-0.01
	H_2O	R_{O-H}	0.00	0.00	95.85	0.00
		$\sphericalangle_{H-O-H}$	0.00	0.00	104.39	-0.01
	HF	R_{F-H}	0.00	0.00	91.86	0.00
	NH_3	R_{N-H}	-0.01	0.00	100.97	0.00
		$\sphericalangle_{H-N-H}$	+0.01	+0.01	106.99	0.00
	OH	R_{O-H}	0.00	-0.01	96.67	0.00

ne sie (Spalte B) abweichen. Für größere Kardinalzahlen sind die Differenzen vernachlässigbar klein.

Weitaus größere Bedeutung kommt den CABS-Singles zu (siehe Tab. E.1 im Anhang). Sie korrigieren die für kleine Basissätze großen Fehler im Hartree-Fock-Teil und verbessern die Ergebnisse kleiner Basissätze etwa um eine Kardinalzahl. Für größere Basissätze ist der Hartree-Fock-Beitrag praktisch konvergiert (exponentielle Konvergenz) und es besteht nicht die Notwendigkeit ihrer Verwendung.

6.2 Dipolmomente

In diesem und im folgenden Unterkapitel werden die Ergebnisse der analytischen Berechnungen molekularer Eigenschaften vorgestellt. Der Schwerpunkt liegt dabei auf der Untersuchung der Basissatzkonvergenz.

Zur Berechnung wurden Petersons cc-pVXZ-F12-Basissätze verwendet und diese zudem um die diffusen Basisfunktionen nach Dunning („aug-" [137]) erweitert. Um einen Fehler aufgrund des Density-Fittings ausschließen zu können, wurden für die folgenden Untersuchungen große Korrelations-Fitting-Basissätze (kurz: C-Basissätze) sowohl als C-Basis als auch als RI-JK-Basis verwendet. Zusätzlich sei angemerkt, dass die vorgestellten Dipolmomente nicht den Anspruch erheben, mit experimentellen Daten vergleichbar zu sein; hierzu ist die Verwendung von CC-Methoden oder eine Ergänzung um zusätzliche Beiträge notwendig [24, 138]. Für die genaue Vorgehensweise wird auf Anhang E und die entsprechende Veröffentlichung verwiesen [69].

Die Ergebnisse in Tab. 6.2 lassen deutlich erkennen, dass die mit der neuen Methode RI-MP2-F12/3A*-[T+V] berechneten Dipolmomente schnell zum Basissatzlimit konvergieren. Bei Einbeziehung von CABS-Singles liefern die Rechnungen bereits in der kleinsten Basis (aug-cc-pVDZ-F12) Dipolmomente, die für das OH-Radikal auf 0.004 ea_0 genau am Basissatzlimit liegen. Die Ergebnisse profitieren dabei erheblich von der Korrektur durch die CABS-Singles, welche die gleiche Größenordnung wie der MP2-Basissatzfehler besitzt. Auch hat die Wahl der Amplituden deutlichen Einfluss auf das Ergebnis (vgl. Tab. E.2 im Anhang).

Schon in der nächstgrößeren Basis, d.h. aug-cc-pVTZ-F12, sind die CABS-Singles-Beiträge um eine Größenordnung kleiner als in der aug-cc-pVDZ-F12-Basis. Auch verringern sich die Unterschiede der *var*- und *fix*-Methode um eine Größenordnung (s. Tab. E.2 im Anhang). Die aug-cc-pVQZ-F12-Basis schließlich weist bereits bis auf $5 \cdot 10^{-4}$ ea_0 konvergierte Dipolmomente auf. Weder die CABS-Singles noch die Wahl

Tab. 6.2: Abweichungen der Dipolmomente (in mea_0) vom Basissatzlimit berechnet mit *var*-RI-MP2-F12/3A*-[T+V] mit Frozen-Core-Näherung. [a]Das Limit wurde durch Extrapolation der explizit korrelierten Ergebnisse bestimmt.

Basis	CABS-Singles	H_2O	NH_3	OH
aug-cc-pVDZ-F12	nein	+10.4	+6.1	+6.8
	ja	+6.1	+5.2	+3.7
aug-cc-pVTZ-F12	nein	+2.3	+1.4	+1.4
	ja	+1.4	+1.0	+0.8
aug-cc-pVQZ-F12	nein	+0.5	+0.3	+0.1
	ja	+0.4	+0.2	+0.1
Limit[a]		735.3	610.2	660.3

der Amplituden haben hier einen signifikanten Einfluss auf das Ergebnis.

Vergleich mit RI-MP2

Der Vergleich mit konventionellem RI-MP2 wird am Beispiel von HBr mit den üblichen korrelationskonsistenten Basissätzen von Dunning [2, 137] durchgeführt. Abb. 6.1 (Werte s. Tab. E.3 im Anhang) zeigt deutlich die signifikante Überlegenheit der neuen Methode bezüglich der Basissatzkonvergenz. Einen wichtigen Beitrag leisten die CABS-Singles besonders für die double-ζ-Basis. Ist der Fehler für RI-MP2 bei einer triple-ζ-Basis noch 0.01 ea_0 groß, beträgt er unter Hinzunahme der Korrekturen nur noch 0.001 ea_0. Klassisches RI-MP2 ist hierbei selbst in den großen Orbitalbasen noch weit von der Konvergenz gegen den Grenzwert entfernt. Dies wird unter anderem beim Vergleich der Ergebnisse der quadruple-ζ- und quintuple-ζ-Basis deutlich. Die Differenz von mehr als 0.002 ea_0 ist doppelt so groß wie der Fehler von RI-MP2-F12 unter Hinzunahme der CABS-Singles in der triple-ζ-Basis. Sogar für die größte verwendete Basis, aug-cc-pV5Z, ist noch ein deutlicher Abstand zum abgeschätzten Basissatzlimit vorhanden; dabei ist der Fehler von 0.004 ea_0 um eine Größenordnung größer als bei der in dieser Arbeit neu entwickelten Methode in der gleichen Basis.

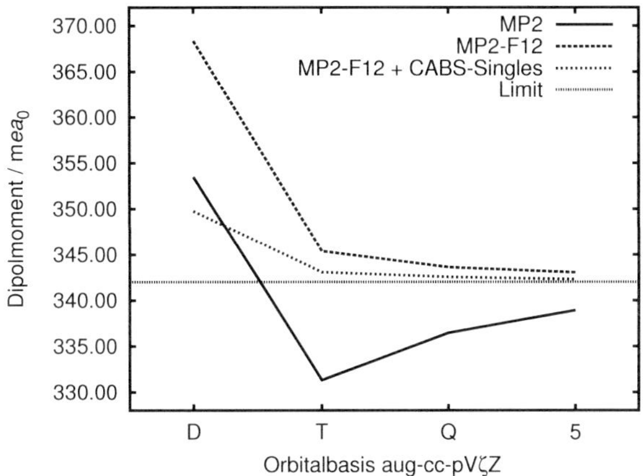

Abb. 6.1: Dipolmomente (in mea_0) von HBr berechnet mit der Frozen-Core-Näherung. R_{H-Br} = 140.75 pm. MP2-F12 steht für *var*-RI-MP2-F12/3A*-[T+V]. Erwartetes Basissatz-limit ist 342 mea_0.

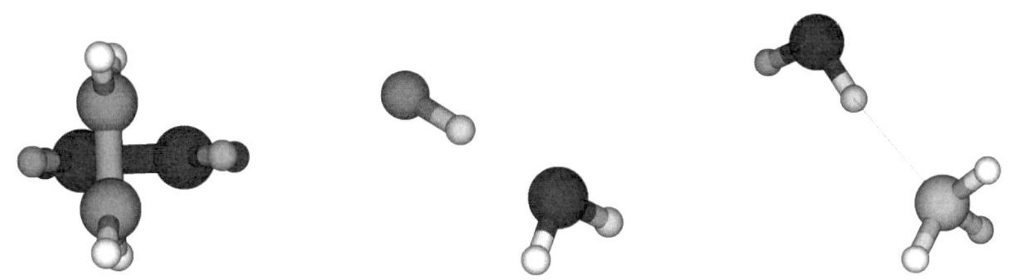

Abb. 6.2: Strukturen der untersuchten Dimere. Es handelt sich jeweils um die globale Mini-mumsstruktur von $C_2H_4 \cdots C_2H_4$, $H_2O \cdots HF$ sowie $H_2O \cdots NH_3$ [139–141].

6.3 Geometrien

Für die Untersuchung der Geometrien wurden die Dunningschen Basissätze aug-cc-pVXZ für X = D, T, Q, 5 mit den folgenden Fitting-Basissätzen verwendet: C-aug-cc-pwCV{T,Q,5}Z für X = D, T, Q und C-aug-cc-pV6Z für X = 5. Für die RI-JK-Näherung wurden die Basissätze JK-aug-cc-pVXZ, für die intrinsische RI-Näherung der F12-Methoden die Petersonschen CABS-Basissätze eingesetzt [142]. Die Wahl der Hilfsbasissätze erfolgte unter dem Gesichtspunkt, den Einfluss auf die Ergebnisse im Vergleich zur Wahl der Orbitalbasis vernachlässigbar klein zu halten. Die Konvergenz für SCF wurde auf 10^{-9} bezüglich der Änderung der Dichte festgelegt; die Geometrieoptimierungen wurden bis zu einer Konvergenz der Energie auf 10^{-8} E_h und einem Gradienten von weniger als 10^{-4} E_h/a_0 durchgeführt. Eine Erhöhung der Konvergenzkriterien bewirkte keine Veränderung der nachfolgenden Ergebnisse.

Wahl der komplementären Hilfsbasis (CABS)

Bei konventionellen Methoden soll die Orbitalbasis und das Niveau der Korrelationsbehandlung den Fehler charakterisieren. Numerische Abweichungen durch Integralabschätzung oder mangelhafte Hilfsbasissätze müssen vernachlässigbar klein sein. Bezogen auf die Hilfsbasis CABS ist eine Unterscheidung zwischen der Rolle als RI-Basis und der störungstheoretischen Korrektur der CABS-Singles notwendig. In der Funktion als RI-Basis ist es unumgänglich, eine gesättigte CABS zu verwenden, da sonst numerische Schwankungen ähnlich zu kleinen DF-Hilfsbasissätzen entstehen. Ergibt sich bei Vergrößerung der Hilfsbasis um eine Kardinalzahl keine signifikante Änderung in der Geometrie, kann eine Sättigung der Hilfsbasis und eine gute Näherung der Vollständigkeitsrelation angenommen werden. Im Unterschied hierzu ist bei den CABS-Singles die Sättigung nicht entscheidend, da keine numerischen Instabilitäten auftreten. Somit werden im Folgenden vergrößerte CABS ausschließlich für Rechnungen ohne CABS-Singles untersucht.

Darüber hinaus erfolgt dies nur für kleine Orbitalbasissätze (hier aug-cc-pVDZ, aug-cc-pVTZ), da sich die eigentliche Hilfsbasis für die Vollständigkeitsrelation aus der Orbitalbasis und der RI-Hilfsbasis (CABS) zusammensetzt. Mit steigender Kardinalzahl der Orbitalbasis schrumpft die Bedeutung von CABS für die vereinigte Hilfsbasis, da die Orbitalbasis allein die Vollständigkeitsrelation bereits gut annähert.

6.3.1 Density-Fitting

Im Limit einer vollständigen Fitting-Basis wird RI-MP2 äquivalent zu MP2 und beide Methoden liefern exakt gleiche Resultate. Die Verwendung einer endlichen Hilfsbasis führt zu der Abweichung von RI-MP2 und MP2, die als Density-Fitting-Fehler (DF-Fehler) bezeichnet wird. Im Rahmen von RI-Methoden muss gewährleistet sein, dass der Einfluss der Hilfsbasis auf das Ergebnis deutlich kleiner ist als die Wahl der Orbitalbasis. Es folgt die Untersuchung, welche Hilfsbasissätze verwendet werden müssen, damit dies gewährleistet ist.

Wahl der Basis

Zu erwähnen ist, dass keiner der untersuchten Hilfsbasissätze für die Methode RI-MP2-F12 optimiert wurde. Für Energieberechnungen im Rahmen von RI-MP2-F12 ist die Verwendung einer vergrößerten Hilfsbasis notwendig, um zu große DF-Fehler bei Einsatz des für die jeweilige Orbitalbasis optimierten Hilfsbasissatzes zu vermeiden. Beispielsweise setzt man für eine aug-cc-pVDZ-Orbitalbasis typischerweise C-aug-cc-pwCVTZ als DF-Hilfsbasis für F12-Methoden ein. Neben der Vergrößerung der Kardinalzahl ist das Hinzufügen besonders steiler Funktionen zur Hilfsbasis von Bedeutung. Dies wird durch die Abkürzung „wC" (engl.: *weighted core*) angedeutet. Die Orbitalbasissätze aug-cc-pwCVXZ enthalten sowohl Basisfunktionen für die Korrelation der Valenzelektronen als auch Basisfunktionen zur Berücksichtigung der Korrelation kernnaher Elektronen sowie deren Wechselwirkung mit den Valenzelektronen. Die Verwendung der C-aug-cc-pwCVXZ-Basissätze im Rahmen der F12-Methoden erfolgt aufgrund der steilen Basisfunktionen in CABS, welche entsprechende Funktionen in der DF-Basis benötigen.

Bezüglich der Genauigkeit der RI-Näherung bei der Behandlung analytischer Gradienten mit RI-MP2-F12 stellt sich die Frage, welche der für RI-MP2-Energien optimierten C-Basissätze in guter Näherung verwendet werden können. Folgende Unterschiede treten auf: Zum einen wird im Rahmen von F12-Methoden das *robuste* Density-Fitting verwendet, zum anderen müssen 2-Elektronen-Integrale über verschiedene Operatoren und formal die sich daraus ergebenden Matrizen **B** und **V** mit virtuellen Indizes berechnet werden. Daher soll untersucht werden, ob es einer weiteren Vergrößerung der Hilfsbasis im Vergleich zur Energieberechnung mit RI-MP2-F12 bedarf.

Tab. 6.3: Untersuchungen zum DF-Fehler mit der Orbitalbasis aug-cc-pVDZ ohne CABS-Singles. Als Density-Fitting-Basis wurde C-aug-cc-pwCVYZ verwendet. $\|\nabla\|$ bezeichnet die Norm des Gradienten der Startgeometrie in mE_h/a_0. Konvergenzkriterien siehe Text. $R_{Et\text{-}Et}$ bezeichnet den intermolekularen Abstand im Dimer. Energien E sind in mE_h, Abstände R in pm und Winkel $\sphericalangle$ in Grad angegeben.

| | | DF-Basis: | | |
| | | $Y=T$ | $Y=Q$ | $Y=5$ |
		($\hat{=} X+1$)	($\hat{=} X+2$)	($\hat{=} X+3$)
C_2H_4		*var*-RI-MP2-F12/3A*-[T+V]		
1. Iteration	$\|\nabla\|$	27.106	27.103	27.103
	$E_{\Delta F12}$	-97.025	-97.017	-97.016
Optimiert	$R_{C\text{-}C}$	133.77	133.77	133.77
	$R_{C\text{-}H}$	108.69	108.69	108.69
	$\sphericalangle_{H\text{-}C\text{-}H}$	117.53	117.53	117.53
$(C_2H_4)_2$		*var*-RI-MP2-F12/3A*-[T+V]		
1. Iteration	$\|\nabla\|$	20.970	20.513	20.502
	$E_{\Delta F12}$	-192.450	-192.202	-192.197
Optimiert	$R_{C\text{-}C}$	133.80	133.82	133.82
	$R_{C\text{-}H}$	108.75	108.75	108.76
	$\sphericalangle_{H\text{-}C\text{-}H}$	117.33	117.44	117.44
	$R_{Et\text{-}Et}$	370.00	366.42	366.36
$(C_2H_4)_2$		*fix*-RI-MP2-F12/3A*-[T+V]		
1. Iteration	$\|\nabla\|$	20.209	20.212	20.212
	$E_{\Delta F12}$	-181.075	-181.061	-181.061
Optimiert	$R_{C\text{-}C}$	133.84	133.84	133.84
	$R_{C\text{-}H}$	108.72	108.71	108.71
	$\sphericalangle_{H\text{-}C\text{-}H}$	117.43	117.43	117.43
	$R_{Et\text{-}Et}$	369.69	369.69	369.69

Numerische Genauigkeit

Der Density-Fitting-Fehler wird anhand von C_2H_4 und einem seiner Dimere untersucht. Ausgewählte Ergebnisse sind in Tab. 6.3 zu finden. Zu erkennen ist, dass sich für das betrachtete Molekül nach der Geometrieoptimierung Unterschiede in den Strukturparametern zwischen verschiedenen Hilfsbasissätzen feststellen lassen und diese kleiner sind als die Änderungen durch Vergrößerung der Orbitalbasis (vgl. Tab. 6.4, Tab. E.4 im Anhang). Dies gilt jedoch nicht für das Dimer: Für die *var*-Methode ergibt sich zwischen den beiden verglichenen Hilfsbasissätzen ein Unterschied von ca. 4 pm im intermolekularen Abstand. Weitere Untersuchungen deuten an, dass die Vergrößerung der Hilfsbasis um eine Kardinalzahl auf (X+2) ausreichend ist. Probleme ergeben sich aus zwei Gründen: Zum einen folgt damit die Beschränkung auf kleine Orbitalbasissätze, da Hilfsbasissätze bis X = 6 vorhanden sind und bereits bei einer triple-ζ-Orbitalbasis eine quintuple-ζ-Hilfsbasis verwendet werden muss. Weitaus schwerwiegender ist das Anwachsen des relativen Fehlers im F12-Beitrag, da sich die Hilfsbasis im Verhältnis zur Orbitalbasis verschlechtert [57] und der Beitrag der F12-Korrektur mit anwachsender Orbitalbasis abnimmt.

Beim untersuchten System handelt es sich um ein Alken-Dimer mit schwacher Wechselwirkungsenergie, so dass die diffusen Anteile der Orbitalbasis eine zentrale Rolle bei der Beschreibung des intermolekularen Abstandes einnehmen. Entsprechend genau muss die C-Auxiliarbasis gewählt sein. Die Fitting-Basis C-aug-cc-pwCV(X+1)Z scheint nicht ausreichend diffuse Basisfunktionen zu enthalten, da der intermolekulare Abstand einen deutlichen, die beiden Moleküle selbst jedoch keinen relevanten DF-Fehler aufweisen (vgl. Tab. 6.3). Alternativ zur Vergrößerung der Basis um eine Kardinalzahl erreicht man somit eine signifikante Verbesserung, indem diffuse Basisfunktionen von Hand zu den C-Basissätzen hinzugefügt werden (s. Tab. E.5 im Anhang). Für die sich anschließenden Untersuchungen der Wasserstoffbrückenbindungen ist eine Erweiterung der Hilfsbasis nicht nötig.

Um die Verwendung einer möglichst kleinen Density-Fitting-Hilfsbasis zu ermöglichen und damit auch mit wachsender Kardinalzahl der Orbitalbasis vertrauenswürdige Ergebnisse zu erhalten, kann die Methode der festen Amplituden angewendet werden. Ohne optimierte DF-Basissätze bleibt eine kritische Prüfung der Berechnungen mit F12-Gradienten dennoch notwendig, insbesondere bei der Verwendung anderer Basissatz-Kombinationen.

Tab. 6.4: Geometrieoptimierungen verschiedener Moleküle mit *var*-RI-MP2-F12 im Rahmen der [T+V]-Näherung. Abstände R sind in pm, Winkel $\sphericalangle$ in Grad angegeben. [a]CABS wurde um eine Kardinalzahl vergrößert.

Basis	CABS-Singles	H_2O		NH_3		HF
		$R_{O\text{-}H}$	$\sphericalangle_{H\text{-}O\text{-}H}$	$R_{N\text{-}H}$	$\sphericalangle_{H\text{-}N\text{-}H}$	$R_{H\text{-}F}$
aVDZ	ja	96.02	104.32	101.08	106.85	92.01
	nein	96.24	104.08	101.50	106.42	92.21
	CABS[a]	*96.24*	*104.07*	*101.49*	*106.44*	*92.21*
aVTZ	ja	95.86	104.39	100.98	106.94	91.87
	nein	95.97	104.39	101.03	106.94	92.05
	CABS[a]	*95.97*	*104.39*	*101.03*	*106.94*	*92.05*
aVQZ	nein	95.85	104.39	100.97	106.98	91.87
	ja	95.84	104.39	100.96	106.97	91.84
aV5Z	nein	95.84	104.39	100.96	106.99	91.85
	ja	95.84	104.39	100.95	106.99	91.85

6.3.2 Monomere

Die Ergebnisse für Geometrieoptimierungen einzelner Moleküle mithilfe der Methode RI-MP2-F12/3*A-[T+V] sind in Tab. 6.4 zusammengestellt. Man beobachtet eine deutliche und schnelle Konvergenz der Strukturen zum Basissatzlimit. Für kleine Basissätze verbessern die CABS-Singles die Ergebnisse deutlich. Die Größenordnung der Korrektur entspricht in etwa dem Übergang zur Orbitalbasis der nächsten Kardinalzahl. Die gleiche Größenordnung war bereits für die Berechnung von Dipolmomenten gezeigt worden (Kap. 6.2). Bereits quadruple-ζ-Basissätze liefern für die untersuchten Moleküle konvergierte Strukturen.

Darüber hinaus sollen die mit der *fix*-Methode erhaltenen Ergebnisse betrachtet werden. Durch den Übergang von der Berechnung aller Pseudo-Anregungen zu den Diagonalen der Matrizen **B** und **V** wird die Korrelationsenergie in der Regel vom Betrag kleiner. Da im Fall der *var*-Methode die variationelle Minimierung des Hylleraas-Funktionals erfolgt, handelt es sich bei der Lösung am Basissatzlimit um die vom Betrag größte Korrelationsenergie. Die Ergebnisse in Tab. E.8 im Anhang zeigen jedoch, dass die Verwendung der *fix*-Methode möglich ist, ohne dass große Fehler in der Geometrie verursacht werden.

6.3.3 Dimere

Die Ergebnisse der Geometrieoptimierungen für ausgewählte Dimere sind für die Methode *fix*-RI-MP2-F12/3*A-[T+V] in Tab. 6.5 in Form von Bindungsenergien und intermolekularen Abständen zusammengefasst. Hierfür wurden die einzelnen Moleküle und die Dimere unter den gleichen Bedingungen strukturoptimiert.

Wahl der komplementären Hilfsbasis (CABS)

Die Vergrößerung von CABS führt im Fall der double-ζ-Basis zu einer Aufweitung des intermolekularen Abstands um 0.23 pm bzw. 0.12 pm. Damit ist der Einfluss kleiner als der der CABS-Singles und des Wechsels zur neuen Orbitalbasis. Trotzdem sollten die Ergebnisse kritisch hinterfragt werden und es lässt sich schlussfolgern, dass die double-ζ-CABS von Peterson nicht gesättigt, d.h. zu klein sind. Für die triple-ζ-Basis allerdings sinkt die Änderung deutlich auf 0.04 bzw. 0.05 pm. Für größere Orbitalbasissätze wird entsprechend erwartet, dass sich die Unterschiede noch weiter verkleinern und weniger als 0.02 pm betragen.

Konvergenz zum Basissatzlimit

Für die Dimere wird beobachtet, dass die Basissätze von triple-ζ bis quintuple-ζ keine große Abweichung voneinander zeigen. Aufgrund der Tatsache, dass sich das Ergebnis für die größte Basis durch die CABS Singles kaum ändert, kann die Konvergenz der Struktur angenommen werden. Die Energiekorrektur der CABS-Singles beträgt für die Orbitalbasis aug-cc-pV5Z für beide Dimere weniger als 10^{-4} E_h.

Im Vergleich zu diesen Ergebnissen hebt sich die kleinste Basis deutlich ab. Hier wird beobachtet, dass der Bindungsabstand zu groß ist und die berechnete Bindungsenergie unter dem Basissatzlimit liegt. Die großen Differenzen können auf die geringe Größe der double-ζ-Basis und die bereits für Energien großen Fehlerbalken zurückgeführt werden [57]. Zusätzliche Schwierigkeiten ergeben sich bei Dimeren, da für kleine Basissätze der Fehler durch Überlagerung von Basissätzen erheblich wird und dadurch unterschiedliche Fehlerbalken für Monomere und Dimere auftreten (siehe nächsten Abschnitt).

Insgesamt zeigt sich ein sehr gutes, d.h. konvergentes Streben zum Basissatzlimit mit bereits akzeptablen Werten für eine double-ζ-Orbitalbasis – sowohl für Monomere als auch Dimere – und damit auch für Bindungsenergien.

Tab. 6.5: Geometrieoptimierungen mit *fix*-RI-MP2-F12 ohne CP-Korrektur. Die Abkürzung aVXZ bezeichnet die Orbitalbasis für aug-cc-pVXZ. [a]Mit RI-MP2-F12 berechnetes Basissatzlimit für Bindungsenergie bei gegebener Geometrie (Basis: aug-cc-pV5Z). [b]Die grau unterlegte Zeile wird im Folgenden als Basissatzlimit verwendet. [c]CABS wurde um eine Kardinalzahl vergrößert.

Orbital-basis	CABS-Singles	Abstand / pm		Bindungsenergie / mE_h	
		$HF..H_2O$	$NH_3..H_2O$	$HF..H_2O$	$NH_3..H_2O$
aVDZ	ja	171.38	196.56	-13.354	-10.099
	lim[a]			-13.882	-10.396
	nein	171.72	196.00	-13.577	-10.538
	CABS[c]	*171.95*	*196.12*	*-13.442*	*-10.487*
aVTZ	ja	170.82	195.96	-13.861	-10.402
	lim[a]			-13.888	-10.369
	nein	170.25	195.45	-14.050	-10.508
	CABS[c]	*170.29*	*195.50*	*-14.019*	*-10.498*
aVQZ	ja	170.81	196.07	-13.905	-10.412
	nein	170.72	196.01	-13.971	-10.443
aV5Z[b]	ja	170.84	196.09	-13.896	-10.396
	nein	170.82	196.08	-13.896	-10.399

Tab. 6.6: Geometrieoptimierungen mit *var*-RI-MP2-F12 ohne CP-Korrektur. Die Abkürzung aVXZ bezeichnet die Orbitalbasis aug-cc-pVXZ. Für das Density-Fitting wurden die Auxiliarbasen C-aug-cc-pwCV(X+2)Z verwendet. [a]Mit RI-MP2-F12 berechnetes Basissatzlimit für Bindungsenergie bei gegebener Geometrie (Basis: aug-cc-pV5Z). [b]Siehe Tab. 6.5. [c]CABS wurde um eine Kardinalzahl vergrößert.

Orbital-	CABS-	Abstand / pm		Bindungsenergie / mE_h	
basis	Singles	$HF..H_2O$	$NH_3..H_2O$	$HF..H_2O$	$NH_3..H_2O$
aVDZ	ja	171.09	196.24	-13.630	-10.400
	lim[a]			-13.893	-10.407
	nein	171.46	195.69	-13.854	-10.832
	CABS[c]	*171.73*	*195.83*	*-13.752*	*-10.793*
aVTZ	ja	170.69	195.79	-13.983	-10.514
	lim[a]			-13.898	-10.406
	nein	170.13	195.28	-14.171	-10.620
	CABS[c]	*170.18*	*195.33*	*-14.131*	*-10.602*
Limit[b]		170.84	196.09	-13.896	-10.396

BSSE

Neben den bereits diskutierten Effekten hat die Wahl einer endlichen Orbitalbasis für Dimere einen Fehler durch Überlagerung von Basissätzen (engl.: *basis set superposition error*, BSSE) zur Folge. Dieser kann wie folgt erklärt werden: Aufgrund der bei Dimeren oft großen Nähe der Moleküle A und B weisen die Basisfunktionen eines Moleküls am Ort des anderen Moleküls einen deutlich von null verschiedenen Funktionswert auf. Dadurch wird beispielsweise die Energie des Moleküls A abgesenkt, da die Basisfunktionen des Moleküls B (aufgrund der endlichen Orbitalbasis) zur Beschreibung der MOs des Moleküls A verwendet werden. Da gleichsam die Funktionen von Molekül A für Molekül B genutzt werden, wird die Bindungsenergie über- und der Bindungsabstand unterschätzt. Dieser Fehler tritt besonders bei kleineren Basissätzen auf (hier: aug-cc-pVDZ, aug-cc-pVTZ).

Ein analoger Fehler findet sich bei F12-Methoden durch Geminale (2-Teilchen-Basisfunktionen) und wird als Geminal-BSSE bezeichnet. Bei Verwendung der *fix*-Methode tritt dieser Fehler nicht auf, da nur die als diagonalen Anregungen bezeichneten Terme berücksichtigt werden [81]. Um die Auswirkungen eines solchen Geminal-BSSE zu untersuchen, sollen *var*-Ergebnisse berechnet werden. Man beachte, dass sich die Unterschiede jedoch nicht allein auf den Geminal-BSSE zurückführen lassen, da bei Berücksichtigung aller F12-Anregungen auch solche innerhalb eines Moleküls eingehen, die somit nicht zum Geminal-BSSE beitragen.

Zum Vergleich mit den Ergebnissen in Tab. 6.5 sind Ergebnisse hierzu in Tab. 6.6 aufgeführt. Die Orbitalbasissätze aVQZ und aV5Z werden hierbei nicht betrachtet, da die notwendigen DF-Hilfsbasissätze aug-cc-pwCV(X+2)Z nicht verfügbar sind. Es ist zu vermuten, dass durch die explizit korrelierten Beiträge der Orbital-BSSE unterdrückt wird und die *var*-Methode keinen dominanten Geminal-BSSE einführt. Anderenfalls müssten signifikante Unterschiede zwischen der *fix*- und *var*-Methode im intermolekularen Abstand entstehen. Es bleibt zu untersuchen, inwiefern die endliche Orbitalbasis Auswirkungen auf eine falsch berechnete Bindungsenergie hat. Führt man an den jeweiligen Geometrien Single-Point-Rechnungen mit vergrößerten Basissätzen durch, lässt sich eine Konvergenz der Bindungsenergien auch für kleinere Orbitalbasissätze erkennen, so dass auch hier keine Quelle für Fehlerkompensation vorhanden ist.

Bei den Ergebnissen des C_2H_4-Dimers hingegen verursachen die beiden Methoden der Amplitudenwahl einen Unterschied von 4 pm (s. Tab. 6.3). Ohne weitere Untersuchungen kann die Möglichkeit eines Geminal-BSSE nicht ausgeschlossen werden. Um nicht zu viele Unsicherheiten gleichzeitig ausschließen zu müssen, sollten für genauere Betrachtungen optimierte Hilfsbasissätze verwendet werden.

Insgesamt führen die Untersuchungen in diesem Abschnitt zu dem Schluss, dass die *fix*-Methode verwendet werden sollte. Diese weisen numerisch stabilere Ergebnisse auf und darüber hinaus ist die Skalierung mit $\mathcal{O}(N^5)$ um eine Größenordnung kleiner als bei der *var*-Methode.

6.3.4 Vergleich mit konventionellen Methoden

Vergleich mit RI-MP2

Auch für den Vergleich mit konventionellem RI-MP2 werden die Monomere getrennt von den Dimeren betrachtet. Als Vertreter für Monomere wird das H_2O-Molekül untersucht, s. Tab. 6.7. Weitere Moleküle sind im Anhang aufgeführt. Dabei liefert die double-ζ-Basis meist ungenaue Ergebnisse mit im Vergleich zu F12 zu weiten Abständen und zu kleinen Winkeln. Die Abweichungen von weniger als 1 pm bzw. 1° sind jedoch nicht signifikant. Die Geometrieparameter konvergieren zwar langsamer als bei F12, aber insgesamt auch sehr gut. Die Strukturen ändern sich ab der quadruple-ζ-Basis nur weniger als 0.1 pm bzw. 0.1° und erreichen na-

Tab. 6.7: Mit RI-MP2 optimierte Geometrien des H_2O-Moleküls. [a]Mit RI-MP2-F12 berechnetes Basissatzlimit für die Bindungsenergie bei gegebener Geometrie (Basis: aug-cc-pV5Z). [b]Siehe Tab. E.9 im Anhang.

Basis	$R_{O\text{-}H}$ / pm	$\sphericalangle_{H\text{-}O\text{-}H}$ / $^\circ$	$E_{\Delta F12}$ / mE_h
aVDZ	96.59	103.87	-220.143
aVTZ	96.14	104.11	-268.704
aVQZ	95.89	104.27	-286.052
aV5Z	95.84	104.34	-293.002
			-300.587[a]
aV6Z	95.84	104.37	-296.048
Limit[b]	95.84	104.39	-300.583

hezu das Basissatzlimit. Deutlich erkennbar bleibt, dass die Energien im Vergleich dazu noch lange nicht konvergiert sind. Werden bei den Geometrien jedoch Single-Point-Berechnungen mit RI-MP2-F12/3*A-[T+V] durchgeführt, erhält man eine gute Übereinstimmung mit den analytischen MP2-F12-Ergebnissen (vgl. Tab. 6.5 und Tab. 6.7).

Ein etwas anderes Bild bietet sich bei den Dimeren. Die reine Betrachtung der Bindungsenergien in Tab. 6.8 zeigt eine scheinbar gute Konvergenz. Bei genauerer Analyse fallen jedoch Inkonsistenzen auf. Wie anhand der Monomere gezeigt, sind die Energien nicht zum Basissatzlimit konvergiert (siehe Tab. 6.7). Daher weisen sowohl die Dimere als auch die Monomere große Fehlerbalken auf, die sich bei der Differenzbildung gegenseitig auszugleichen scheinen. Dieser Fehler lässt sich für die jeweiligen Geometrien MP2-F12 durch Single-Point-Energieberechnungen in größeren Basissätzen untersuchen. Die Abweichung der Bindungsenergien vom Basissatzlimit für eine gegebene Geometrie liefert einen Eindruck der Fehlerkompensation, die sich mit abnehmender Differenz verringern sollte. Hinzu kommt die intrinsische Ungenauigkeit der Geometrie, die nicht zu konvergieren, sondern zu oszillieren scheint. Beim Wasser-HF-Komplex beispielsweise zeigt sich, dass der intermolekulare Abstand mit steigender Kardinalzahl bis X = Q abnimmt und ab X = 5 größer wird. Dies könnte auf den vergleichsweise großen BSSE zurückzuführen sein. Die Oszillation lässt sich trotz Counterpoise-korrigierten Geometrieoptimierungen nicht beheben. Sowohl für die double-ζ-Basis als auch für die quintuple-ζ-Basis wird die Bindung deutlich zu stark aufgeweitet. Darüber hinaus lässt sich diese CP-Korrektur

Tab. 6.8: Geometrieoptimierungen mit RI-MP2. [a]Mit RI-MP2-F12 berechnetes Basissatzlimit für Bindungsenergie bei gegebener Geometrie (Basis: aug-cc-pV5Z). [b]Siehe Tab. 6.5

Basis	CP-Korrektur	Abstand / pm		Bindungsenergie / mE_h	
		$HF..H_2O$	$NH_3..H_2O$	$HF..H_2O$	$NH_3..H_2O$
aVDZ	ja	176.07	201.98	-12.591	-9.314
	nein	171.52	196.78	-14.394	-11.073
	lim[a]			-13.891	-10.436
aVTZ	nein	170.39	195.74	-14.275	-10.690
	lim[a]			-14.022	-10.531
aVQZ	nein	170.37	195.83	-14.168	-10.554
	lim[a]			-13.889	-10.396
aV5Z	ja	171.43	196.74	-13.689	-10.258
	nein	170.76	196.01	-14.020	-10.454
	lim[a]			-13.889	-10.396
aV6Z	nein	170.79	196.03	-13.947	-10.422
Limit[b]		170.84	196.09	-13.896	-10.396

Tab. 6.9: Vergleich verschiedener Berechnungen des Basissatzlimits. [a]CP-korrigierte Ergebnisse. [b]Siehe Tab. 6.5. [c]Extrapolierte Ergebnisse.

Methode	Basis	Referenz	Abstand / pm		Bindungsenergie / mE_h	
			$HF..H_2O$	$NH_3..H_2O$	$HF..H_2O$	$NH_3..H_2O$
MP2	daV5Z	[140]	170.78			
MP2 (CP)[a]	aV5Z	[140]	171.44		-14.374	
MP2 (CP)[a]	Q5[c]	[140]	171.02			
MP2 (CP)[a]	aVTZ	[141]				-9.944
RI-MP2	aV6Z		170.79		-13.947	
RI-MP2-F12[b]	aV5Z		170.84	196.09	-13.896	-10.396

nur für kleine Systeme mit vertretbarem Rechenaufwand durchführen.

Die Untersuchungen zeigen, dass mit RI-MP2 Bindungsenergien erhalten werden, deren vermeindliche Genauigkeit auf Fehlerkompensation beruht. Dies stellt ein Problem dar, weil die Kompensation notwendig ist, um konsistente Ergebnisse zu erhalten. Sie tritt aber nur zufällig auf und ist für mehrere intermolekulare Wechselwirkungen nur schwer zu untersuchen. Ohne Fehlerkompensation wird aus den richtigen Gründen das falsche Ergebnis erhalten, jedoch ist dies nicht eindeutig festzustellen.

Vergleich mit Literatur

Für die vorgestellten Dimere sind nur wenige Rechnungen am Basissatzlimit bekannt, s. Tab. 6.9. Für die Wasser-HF-Wasserstoffbrückenbindung zeigt sich eine gute Übereinstimmung mit den Untersuchungen der vorliegenden Arbeit. Beispielsweise wurde in Ref. [140] mit dem Orbitalbasissatz aug-cc-pV5Z ein intermolekularer Abstand von 171.44 pm berechnet. Dieser ist mit 171.43 pm aus Tab. 6.8 zu vergleichen. Die Unterschiede lassen sich auf die Verwendung der RI-Näherung zurückführen. Die Literatur-Ergebnisse zeigen ebenfalls deutlich auf, dass die CP-Korrektur die Bindung auch bei einer quintuple-ζ-Basis stark aufweitet. In Ref. [140] weisen die Autoren darauf hin, dass die CP-Korrektur für jede Basis durchgeführt werden muss. Unklar ist, ob CP-korrigierte Q5-Extrapolationen oder CP-korrigierte sextuple-ζ-Ergebnisse höhere Genauigkeit aufweisen [143]. Im Vergleich zum berechneten Basissatzlimit ist die Bindung nach CP-Korrektur 0.5 pm zu lang.

Die große Aufweitung von 0.7 pm durch die CP-Korrektur zeigt gleichzeitig auf, dass die mit MP2 berechneten Geometrien trotz Verwendung einer quintuple-ζ-Basis deutlich vom Basissatzlimit entfernt sind. Im Gegensatz hierzu steht die RI-MP2-F12-Methode dieser Arbeit, die für die gleiche Orbitalbasis konvergierte Strukturen liefert (Tab. 6.5). Für den Wasser-Ammoniak-Komplex werden Ergebnisse mit vergleichbarer Genauigkeit erwartet.

6.4 Resümee

Fehlen für eine Methode die analytischen Gradienten, können entweder numerische Geometrieoptimierungen eingesetzt werden oder man verwendet zur Berechnung der Geometrie bekannte Methoden, beispielsweise MP2 oder CCSD(T). Im Rahmen von explizit korrelierten Methoden wurden meistens analytische Geometrieoptimierungen auf RI-MP2- oder CCSD(T)-Niveau und anschließend für die Geometrien sogenannte Single-Point-Rechnungen durchgeführt. Die Vorgehensweise basiert auf der Erfahrung, dass sich Geometrien von isolierten Molekülen durch explizite Elektronenkorrelation nicht ausschlaggebend ändern. In diesem Fall sind die Potentialkurven energetisch deutlich separiert, das Minimum jedoch befindet sich bezüglich der Bindungslängen und -winkel an der gleichen Stelle. Darüber hinaus sind bei Energien (in E_h) oft sechs Nachkommastellen von Bedeutung, wohingegen für Bindungslängen (in pm) und -winkel (in Grad) höchstens zwei Nachkommastellen chemische Relevanz aufweisen.

Im Rahmen der vorliegenden Untersuchungen zeigt sich, dass mit MP2-F12 für alle untersuchten Moleküle eine höhere Genauigkeit und systematischere Konvergenz erhalten wird. Für Monomere kann bestätigt werden, dass die Verwendung von expliziter Elektronenkorrelation für Geometrieoptimierungen nicht notwendig erscheint. Dies gilt jedoch weder für Dipolmomente, die mithilfe von F12-Methoden eine signifikant verbesserte Konvergenz zum Basissatzlimit zeigen, noch für Dimere, bei denen durch die Hinzunahme der F12-Korrektur der BSSE unterdrückt wird, so dass man sich nicht auf die zufällig auftretende Fehlerkompensation verlassen muss.

Da die Bewertung der Methode dieser Arbeit anhand von Fallstudien an kleinen Molekülen vollzogen wurde, konnten beispielsweise auch in großen Orbitalbasissätzen noch CP-korrigierte Geometrieoptimierungen mit konventionellem RI-MP2 durchgeführt und somit Basissatzkonvergenz sowie Fehlerauslöschungen differenziert analysiert werden. Das Ziel muss aber sein, eine Vielzahl an Reaktionen zu untersuchen, um Aussagen über den statistischen Fehler der neuen Methode treffen zu können. Da die vorliegenden Untersuchungen zeigen, dass auch große DF-Basissätze zu signifikanten DF-Fehlern führen (vgl. Tab. 6.3), sollten zunächst spezielle Auxiliarbasissätze für F12-Methoden erstellt werden.

7. Anwendungen

Es ist bekannt, dass die Verwendung von CCSD(T) [144–148] in ausreichenden Basissätzen notwendig ist, um experimentelle Genauigkeit zu erreichen [51, 149]. Dieses Kapitel soll demonstrieren, dass mithilfe von MP2-F12 leicht das MP2-Basissatzlimit berechnet und mit diesem das CCSD(T)-Basissatzlimit abgeschätzt werden kann. Hierbei ist die Genauigkeit so gut, dass die aus Rechnungen abgeleiteten Aussagen chemische Genauigkeit aufweisen und dem Vergleich mit experimentellen Daten standhalten.

Das erste Anwendungsbeispiel befasst sich mit der Synthese und Stabilität des Pyrazin-Trimers. Als zweites Beispiel wird die Anlagerung von Argon an kurzkettige Alkohole untersucht. Die Berechnungen wurden von J. Lee im Rahmen seiner Diplomarbeit angefertigt. Die wichtigsten Angaben zu den technischen Details der Rechnungen sind im Anhang angegeben. Für eine genaue Diskussion der Vorgehensweise sei auf die entsprechenden Veröffentlichungen verwiesen [33, 150]. An dieser Stelle sollen die wesentlichen Schlussfolgerungen vorgestellt werden.

7.1   Trimerisierung von Pyrazin

Metallorganische Verbindungen können kurzlebige organische Moleküle sowie hochreaktive Fragmente in der Koordinationssphäre von Übergangsmetallen stabilisieren. Als Auswahl seien Arine und Arin-Komplexe [151], Vinylgruppen und deren Komplexe [152] sowie Cyclobutadiene und deren Komplexe [153] angeführt.

Ein weiteres Beispiel stellt die in Abb. 7.1 experimentell beobachtete Reaktion dar, bei der das Pyrazin-Trimer ($HATH_6$) durch eine metallorganische Titan-Verbindung stabilisiert wird. Die Bildung des stabilisierten Trimers erfolgt spontan und wirft die Frage auf, ob eine Reaktion zum unstabilisierten $HATH_6$ (siehe Abb. 7.2) möglich ist, da dieses im Gegensatz zu HAT experimentell noch nicht synthetisiert werden konnte.

HAT-Derivate stellen nicht zuletzt wegen der drei Koordinationsstellen inter-

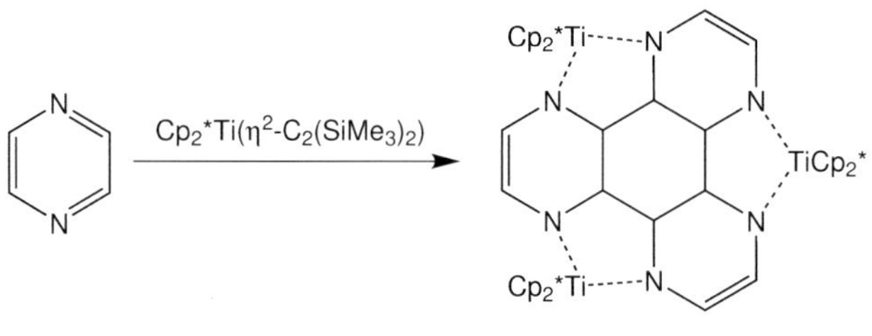

Abb. 7.1: Darstellung des stabilisierten Pyrazin-Trimers $(Cp_2^*Ti)_3(HATH_6)$.

essante Liganden für verschiedene Anwendungen dar. Sie wurden im Zusammenhang mit der Koordination an unterschiedliche Metallatome [154], hinsichtlich photophysikalischer Eigenschaften [155], flüssig-kristalliner Ordnung [156], Light-harvesting-Funktionen [157], Chiralität [158] und Chemie mit DNS [159] oft untersucht.

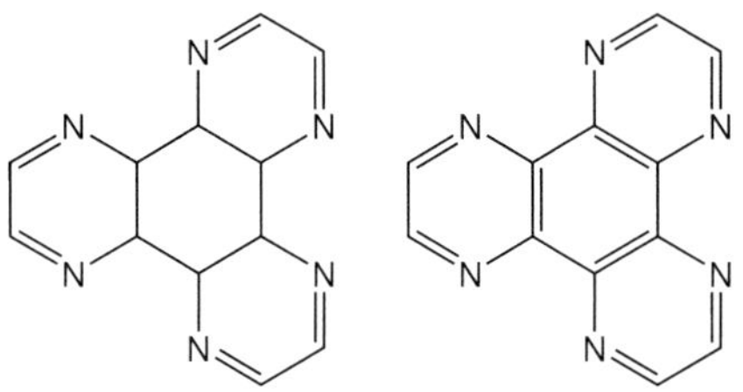

Abb. 7.2: Von links nach rechts: 4a,4b,8a,8b,12a,12b-Hexahydro-HAT (HATH$_6$); Dipyrazino[2,3-f:2',3'-h]chinoxalin (HAT).

Es zeigt sich, dass für die vorliegende Fragestellung quantenchemische Berechnungen auf MP2-Niveau nicht ausreichen, um chemische Genauigkeit zu erhalten, so dass die Kombination und der Vergleich mehrerer Methoden notwendig ist. Ein Auszug der wichtigsten Ergebnisse ist in Tab. 7.1 zusammengestellt. Unabhängig von den unterschiedlichen Methoden ergibt sich eine endotherme Energiebilanz. Diese Beobachtung lässt den Umkehrschluss zu, dass die treibende Kraft bei der Bildung des Titan-Komplexes die Knüpfung der sechs Titan-Stickstoff-Bindungen sein muss, die zu 1.32 eV pro Bindung berechnet wurden [33].

Da die Ergebnisse jedoch deutlich vom Basissatzlimit entfernt liegen, werden MP2-F12-Rechnungen verwendet, um das CCSD(T)-Basissatzlimit abzuschätzen. Die Annahme, der Fehler bezüglich der Orbitalbasis einer MP2-Rechnung in einer be-

Tab. 7.1: Endotherme Trimerisierungsenergien $\Delta_R E$ in eV zum freien Pyrazin-Trimer.

Basis	Methode	$\Delta_R E$	Basis	Methode	$\Delta_R E$
cc-pVDZ	B3LYP	1.98	cc-pVTZ	B3LYP	2.32
	PBE	1.43		PBE	1.70
	PW91	1.40		PW91	1.70
	HF	1.90		HF	2.01
	MP2	1.04		MP2	1.11
	CCSD	0.64		CCSD	0.71
	CCSD(T)	0.68			

stimmten Basis sei ungefähr gleich dem Fehler einer CCSD(T)-Rechnung in der gleichen Basis ist, lässt folgende Abschätzung zu [160, 161]:

$$E^{\infty}_{\text{CCSD(T)}} - E^{\infty}_{\text{MP2}} \approx E^{\text{aVTZ}}_{\text{CCSD(T)}} - E^{\text{aVTZ}}_{\text{MP2}} . \tag{7.1}$$

Damit lässt sich das CCSD(T)-Basissatzlimit $\Delta_R E^{\infty}_{\text{CCSD(T)}}$ abschätzen, wenn das MP2-Basissatzlimit $\Delta_R E^{\infty}_{\text{MP2}}$ durch Verwendung von MP2-F12 bekannt ist. Unter Verwendung der in Kap. 2 vorgestellten Methoden ergibt sich $\Delta_R E^{\infty}_{\text{MP2}} = 1.14$ eV, was auf eine hypothetische, endotherme Trimerisierungsenergie von $+0.78$ eV als Basissatzlimit für CCSD(T) führt.

Zusätzlich wurden Studien mit Dichtefunktionaltheorie (DFT) durchgeführt. Technisch betrachtet wird bei dieser Methode die *gesamte* Elektronenkorrelation durch ein zusätzliches Potential beim SCF-Verfahren berücksichtigt. Die berechneten Energiedifferenzen bestätigen, dass DFT für die vorliegenden aromatischen Moleküle keine quantitativen Antworten liefert, so dass auf Wellenfunktionsmethoden, bei denen der Fehler bezüglich 1-Teilchen-Basis und Mehrteilchen-Anregungen systematisch sinkt, zurückgegriffen werden muss.

7.2 Argon-Anlagerung an kaltes n-Propanol

Die Isolierung von Molekülen in einer Edelgasmatrix ist eine etablierte Methode, um IR- und Raman-Spektren bei niedrigen Temperaturen zu messen. Sie bietet eine hohe Empfindlichkeit und eine große Breite an Kontrollparametern, so dass beispielsweise die Untersuchung Laser-induzierter Isomerisierungen möglich wird. Beim Vergleich der gemessenen Schwingungen mit quantenchemischen Ergebnissen zeigt sich als einziger Nachteil das Auftreten von Matrixshifts und sogenannten Site-Splittings, die nur schwer berechnet werden können. Sie sind meist klein, können aber so groß werden, dass sich experimentelle Gasphasen-Daten stark von ebenfalls experimentellen Ergebnissen aus der Matrixisolation unterscheiden und die Schwingungen nicht mehr zugeordnet werden können.

In der Matrix umgeben die Solvensmoleküle die zu untersuchende Substanz. Da es sich bei Edelgas um das strukturell einfachste Lösemittel handelt, kann die Art der Wechselwirkung bestimmter Teile eines Moleküls mit der Umgebung untersucht werden. Diese Wechselwirkung und der daraus resultierende Matrixshift beschränkt sich nicht nur auf die erste Schicht, sondern erstreckt sich ebenfalls auf die zweite und weitere Schichten, die bis hin zum periodischen Kristallgitter eine immer größere Ordnung erfahren.

7.2.1 Zielsetzung

Die folgende Untersuchung soll dazu beitragen, den Solvatationsprozess detaillierter zu verstehen. Zu diesem Zweck wird die OH-Streckschwingung des *n*-Propanols als Modellfall für induzierte Spektralshifts durch Argon untersucht. Dazu erfolgt die sukzessive Anlagerung von Ar-Atomen an die globale Minimumsstruktur des *n*-Propanols (Gt). Bei diesem Konformer befindet sich die OH-Gruppe in *trans*-Stellung (s. Abb. 7.3). Da im zu untersuchenden System im Wesentlichen Dispersionswechselwirkungen dominieren, ist die Anwendung von (explizit korrelierten) Korrelationsmethoden angebracht. Zur Validierung der theoretischen Ergebnisse wurden von Lee und Wassermann Raman-Spektren in der Überschallexpansion im Arbeitskreis von Prof. Suhm (Univ. Göttingen) aufgenommen [150, 162, 163]. Es zeigt sich, dass die Veränderung des Spektrums mit wachsender Zahl an Ar-Atomen mit diesen Methoden quantitativ untersucht werden kann.

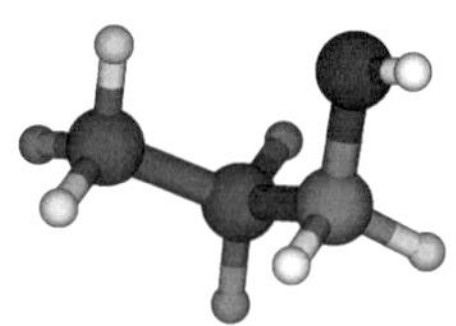

Abb. 7.3: Das stabilste Konformer Gt des *n*-Propanols.

Tab. 7.2: Experimentelle Ergebnisse (Prof. Suhm, Univ. Göttingen).

Methode	$\tilde{\nu}_{OH}/cm^{-1}$	$-\Delta\tilde{\nu}_{OH}/cm^{-1}$
Raman, Jet [150]	3682.4±0.5	0.0
Raman, Gasphase	3682.1±0.5	
IR, Jet [162]	3681.5	
Raman, Jet, Erste Schicht	3678	4.5
Raman, Jet, Zweite Schicht	3671	11.4
IR, Jet, Sättigung [162]	3670	12.5
IR, Matrix [164, 165]	3665	17
IR, Matrix [150]	3655.6	17

7.2.2 Ergebnisse

Für die Anlagerung eines Ar-Atoms an n-Propanol wurden mit RI-MP2 sieben stabile Adduktstrukturen gefunden. Sie lassen sich in Gruppen einteilen, bei denen das Argon sich im Kontakt mit ein, zwei oder drei „schweren" Atomen (C, O) befindet. Die Bindungsenergie hängt dabei von der Zahl der schweren Atome in der nahen Umgebung ab, was auch ein einfaches Dispersionsmodell erwarten lässt [163]. Innerhalb der gleichen Koordinationszahl ist die Bindung an das Sauerstoff-Atom bevorzugt, wohingegen der Kontakt mit der OH-Bindung zu keiner Stabilisierung führt. Dies deutet an, dass Dispersions- über Induktionskräfte dominieren.

Abhängig vom Anlagerungspunkt tritt eine Rot- oder Blauverschiebung der OH-Schwingungsfrequenz auf. Beim stabilsten Addukt lagert sich das Ar-Atom sowohl an das Sauerstoff-Atom, als auch das α- und γ-Kohlenstoff-Atom an ($Gt_{o\alpha\gamma}$). Für dieses erhält man eine Rotverschiebung von etwa 2 cm^{-1} relativ zur OH-Schwingung des Monomers. Im Rahmen der vorliegenden Fragestellung werden alle Schwingungsfrequenzen in der harmonischen Näherung berechnet und können daher trotz Verwendung von CCSD(T) nicht direkt mit experimentellen Messungen verglichen werden. Die gesuchten Verschiebungsfrequenzen hingegen lassen sich mit hinreichender Genauigkeit untersuchen, da u.a. anharmonische Beiträge als konstant angenommen werden können [150].

Der Vergleich mit den experimentellen Werten aus Tab. 7.2 zeigt eindeutig, dass die Anlagerung eines Ar-Atoms für eine Erklärung der experimentell gemessenen Verschiebung von 4.5 cm^{-1} nicht ausreicht. Im Rahmen der Anlagerung von zwei Ar-Atomen weisen die stabilsten Strukturen einen Ar-Ar-Abstand von ca. 7 a_0 auf.

Die Berechnung der Verschiebung der OH-Schwingung führt jedoch nicht deutlich über 3 cm^{-1} hinaus. Für die Deutung der experimentellen Beobachtungen müssen weitere Ar-Atome beteiligt sein.

Bei der Anlagerung weiterer Ar-Atome nehmen diese Einfluss auf die Konformation des *n*-Propanols: Die OH-Gruppe nimmt nun für einige der stabilsten Strukturen eine *gauche*-Konformation ein. Diese Ab-Initio-Berechnungen bestätigen bisher vermutete Konformationseinflüsse von Ar-Atomen auf Alkoholmoleküle [166, 167]. Darüber hinaus lässt sich bei wenigen Ar-Atomen beobachten, dass sich die berechnete Verschiebung der OH-Schwingung in Abhängigkeit der Ar-Positionen stark ändert. Die Schwankungen hören erst auf, wenn eine erste Lage von acht bis zehn Atomen das *n*-Propanol umgibt. Es ist eine erste Sättigung erreicht und die Verschiebung der OH-Schwingungsfrequenz ist vergleichsweise unempfindlich bezüglich der Position der Ar-Atome. Sie liegt bei ca. 5 cm^{-1} und stimmt gut mit dem experimentellen Wert von 4.5$\pm$1.0 cm^{-1} überein.

Die experimentellen Daten zeigen, dass der gesamte Anlagerungsprozess zweistufig erfolgt. Nach der ersten Hülle folgt eine zweite Solvatisierungsphase, welche die Verschiebung auf 11 cm^{-1} steigen lässt. Hier wird erwartet, dass entsprechende Rechnungen analoge Ergebnisse vorweisen, die qualitativ mit den vorgestellten übereinstimmen.

8. Schlussbemerkungen

Mit der vorliegenden Arbeit wird die Herleitung, Implementierung und Anwendung explizit korrelierter Wellenfunktionsmodelle vorgestellt. Der Schwerpunkt liegt dabei auf den analytischen Gradienten für die Methode RI-MP2-F12 (Kap. 4), die in das Programm Ricc2 implementiert wurden (Kap. 5).

Schon im Rahmen der frühen Phase der modernen MP2-R12-Theorie reichten die Beiträge eines vereinfachten Modells (Näherung A) aus, um verlässliche (Bindungs-) Energien berechnen zu können. Durch Verwendung von Ansatz 3, einer speziellen Wahl der RI-Basis (CABS), des nicht-linearen Slater-Korrelationsfaktors und der Hartree-Fock-Korrektur (CABS-Singles) konnte der Fehler weiter verkleinert werden. Numerische Untersuchungen zeigen, dass sich dies auch auf die Berechnung von Eigenschaften übertragen lässt (Kap. 6). Schon mit double-ζ-Basissätzen ergeben sich bei Verwendung von RI-MP2-F12 molekulare Geometrien oder Bindungsenergien, die sich sehr nah am Basissatzlimit befinden und nicht auf Fehlerkompensation beruhen. Das ist bei RI-MP2 hingegen nicht der Fall, so dass eine differenzierte Betrachtung notwendig wird. Besonders für Dimere weisen RI-MP2-Energien große Fehler auf. Die Abweichung vom Basissatzlimit ist sehr groß und weist einen erheblichen Fehlerbalken durch Superposition von Basissätzen auf, dessen Größenordnung auch durch Counterpoise-korrigierte Geometrieoptimierungen nicht signifikant reduziert wird, da die CP-Korrektur den Bindungsabstand häufig überschätzt. Die Monomer-Geometrien zeigen nur sehr kleine Abweichungen, so dass die Optimierung auf RI-MP2-Niveau mit anschließender Single-Point-Energieberechnung mit RI-MP2-F12 eine gute Näherung darstellt.

Darüber hinaus wurden Untersuchungen zum Ansatz der explizit korrelierten Methoden, die besetzten Hartree-Fock-Orbitale als Geminalbasis zu verwenden, anhand der iterativen Methode CCS(F12) durchgeführt (Kap. 3). Dabei lässt sich der Grund für die hochgenauen Ergebnisse von F12-Methoden trotz Verwendung kleiner Hartree-Fock-Basissätze aufzeigen. Diese wichtige Eigenschaft wurde im Rahmen von Anwendungen deutlich illustriert (Kap. 7). Beim Vergleich zwischen berechneten und experimentellen Reaktions- und Anlagerungsenergien erreichen nur Coupled-Cluster-Methoden die benötigte Genauigkeit. Für große Moleküle sind CC-Rechnungen jedoch aufgrund ihres Skalierungsverhaltens oft nicht durchführbar. Es wurde gezeigt, wie hochgenaue RI-MP2-F12-Energien eingesetzt werden, um Basissatzlimits von Coupled-Cluster-Methoden abzuschätzen. Die Extrapolationen sind hinreichend genau, um zuverlässige Vorhersagen oder Bestätigungen experimenteller Daten zu ermöglichen.

Die im RICC2-Programm implementierten explizit korrelierten Methoden verwenden das robuste Density-Fitting zur Berechnung der 2-Elektronen-Integrale über verschiedene Operatoren. Verwendung hierfür finden bisher die normalen C-Fitting-Auxiliarbasen, welche für das konventionelle RI-MP2 optimiert wurden. Diese Vorgehensweise basiert auf numerischen Tests und muss stets neu bestätigt werden (Kap. 6). Eine leichte Programmerweiterung stellt die Implementierung der Ableitungen bezüglich der Exponenten der Auxiliarbasissätze dar, wodurch DF-Basen für F12-Methoden optimiert und so klein wie möglich gewählt werden können.

Aufgrund der im Rahmen der vorliegenden Arbeit vorgenommenen Implementierung ist es darüber hinaus möglich, CC2-F12-Gradienten unter Verwendung des Density-Fitting in RICC2 zu implementieren, so dass auch angeregte Zustände größerer Moleküle mit F12-Methoden untersucht werden können.

Anhang

A. Verwendete Programmpakete

Im Rahmen der vorliegenden Arbeit wurden Berechnungen mit folgenden Programmpaketen durchgeführt:

- Dalton [23]

- TURBOMOLE [61]

- Molpro [168]

Programmierarbeit erfolgte in den Programmpaketen Dalton und TURBOMOLE sowie einem selbstgeschriebenen Programm zur Überprüfung der Implementierungen. Dieses besitzt folgende Funktionalitäten:

- Integrale: g_{12}, f_{12}, $f_{12}g_{12}$, $f_{12}^2 r_{12}^2$, $-\frac{1}{2}\nabla^2$, $\frac{Z_C}{|\vec{r}-\vec{C}|}$ (und dessen Ableitungen)

- Unterstützte Basissätze: Orbitalbasis, C-Fitting-Basis, CABS

- Hartree-Fock: Energie, Dipolmoment, Gradienten

- MP2, DF-MP2: Energie, relaxiertes Dipolmoment, Gradienten

- MP2-F12, DF-MP2-F12: Energie, relaxiertes Dipolmoment, Gradienten

- CCS(F12), B(F12)

B. Anhang zu Kapitel 2

Bestimmungsgleichungen

Einsetzen und sortieren nach Potenzen von λ liefert neben den HF-Gleichungen

$$\hat{F}\,|\mathrm{HF}\rangle \;=\; E^{(0)}\,|\mathrm{HF}\rangle \tag{B.1}$$

die Gleichungen in erster

$$\hat{F}\,|\mathrm{MP1}\rangle + \hat{\Phi}\,|\mathrm{HF}\rangle \;=\; E^{(0)}\,|\mathrm{MP1}\rangle + E^{(1)}\,|\mathrm{HF}\rangle \tag{B.2}$$

sowie zweiter Ordnung bezüglich der Störung

$$\hat{F}\,|\mathrm{MP2}\rangle + \hat{\Phi}\,|\mathrm{MP1}\rangle \;=\; E^{(0)}\,|\mathrm{MP2}\rangle + E^{(1)}\,|\mathrm{MP1}\rangle + E^{(2)}\,|\mathrm{HF}\rangle\;. \tag{B.3}$$

Projektion der Gleichung (B.3) auf $\langle\mathrm{HF}|$ liefert die Bestimmungsgleichung für die Energie

$$\langle\mathrm{HF}|\,\hat{\Phi}\,|\mathrm{MP1}\rangle = E^{(2)}, \tag{B.4}$$

wohingegen die Projektion der Gleichung (B.2) auf $\langle\mu_2|$ die Bestimmungsgleichungen für die Amplituden liefert:

$$\langle\mu_2|\,\hat{F}\,|\mathrm{MP1}\rangle + \langle\mu_2|\,\hat{\Phi}\,|\mathrm{HF}\rangle \;=\; \langle\mu_2|\,E^{(0)}\,|\mathrm{MP1}\rangle \tag{B.5}$$

$$\Leftrightarrow \langle\mu_2|\,\hat{F}\hat{T}_2\,|\mathrm{HF}\rangle + \langle\mu_2|\,\hat{\Phi}\,|\mathrm{HF}\rangle \;=\; \langle\mu_2|\,E^{(0)}\hat{T}_2\,|\mathrm{HF}\rangle \tag{B.6}$$

$$\Leftrightarrow \langle\mu_2|\,[\hat{F},\hat{T}_2]\,|\mathrm{HF}\rangle + \langle\mu_2|\,\hat{\Phi}\,|\mathrm{HF}\rangle \;=\; 0 \tag{B.7}$$

In dieser Ordnung Störungstheorie kann aufgrund von

$$\langle\mathrm{HF}|\,\hat{\Phi}\,|\mathrm{MP1}\rangle \;=\; \langle\mathrm{HF}|\,\hat{H}\,|\mathrm{MP1}\rangle \tag{B.8}$$

(s. Ref. [51]) anstelle des Störoperators der Hamilton-Operator eingesetzt werden:

$$E^{(2)} \;=\; \langle\mathrm{HF}|\,\hat{H}\,|\mathrm{MP1}\rangle \tag{B.9}$$

$$0 \;=\; \langle\mu_2|\,[\hat{F},\hat{T}_2]\,|\mathrm{HF}\rangle + \langle\mu_2|\,\hat{H}\,|\mathrm{HF}\rangle \tag{B.10}$$

Überlappung

Es ergibt sich die im Rahmen von Kap. 2 wichtige Überlappung:

$$\left\langle {ab \atop ij} \Big| {cd \atop kl} \right\rangle = 4\delta_{ac}\delta_{bd}\delta_{jl}\delta_{ik} + 4\delta_{bc}\delta_{ad}\delta_{il}\delta_{jk} - 2\delta_{ac}\delta_{bd}\delta_{il}\delta_{jk} - 2\delta_{bc}\delta_{ad}\delta_{jl}\delta_{ik} \qquad (B.11)$$

Unter Verwendung der sogenannten biorthogonalen Basis

$$\left\langle {\overline{ab} \atop ij} \right| = \frac{1}{6}\langle \mathrm{HF}|(2E_b^j E_a^i + E_b^i E_a^j) \qquad (B.12)$$

vereinfacht sich die Überlappung zu:

$$\left\langle {\overline{ab} \atop ij} \Big| {cd \atop kl} \right\rangle = \delta_{ac}\delta_{bd}\delta_{jl}\delta_{ik} + \delta_{bc}\delta_{ad}\delta_{il}\delta_{jk}\,. \qquad (B.13)$$

Im Rahmen der Bestimmungsgleichungen für die MP2- oder CC-Amplituden können beide Varianten als Basis für die Bra-Zustände eingesetzt werden. Unterschiede ergeben sich ausschließlich intermediär, da Ausdrücke verschieden ausgewertet werden, vgl. Gl. (B.11) mit Gl. (B.13). Beide Formulierungen sind äquivalent, da sie jeweils eine linear unabhängige Basis für die Bra-Zustände darstellen und somit den gleichen Raum aufspannen.

Die Projektionsoperatoren

Die exakten Projektionsoperatoren lauten:

$$\hat{Q}_{12}^{(1)} = (1 - \hat{P}_1)(1 - \hat{P}_2)\,, \qquad (B.14)$$

$$\hat{Q}_{12}^{(2)} = (1 - \hat{O}_1)(1 - \hat{O}_2)\,, \qquad (B.15)$$

$$\hat{Q}_{12}^{(3)} = (1 - \hat{O}_1)(1 - \hat{O}_2) - \hat{V}_1\hat{V}_2\,. \qquad (B.16)$$

Zur Vermeidung teurer Mehrelektronenintegrale wird eine RI-Näherung eingeführt. Ansatz 0 bezeichnet den Fall, bei dem als RI-Basis die Hartree-Fock-Orbitalbasis verwendet wird:

$$\hat{Q}_{12}^{(0)} = 1 - \hat{P}_1\hat{P}_2\,, \qquad (B.17)$$

$$\hat{Q}_{12}^{(1)} = 1 - \hat{P}_1\hat{P}_2' - \hat{P}_1'\hat{P}_2 + \hat{P}_1\hat{P}_2\,, \qquad (B.18)$$

$$\hat{Q}_{12}^{(2)} = 1 - \hat{O}_1\hat{P}_2' - \hat{P}_1'\hat{O}_2 + \hat{O}_1\hat{O}_2\,, \qquad (B.19)$$

$$\hat{Q}_{12}^{(3)} = 1 - \hat{O}_1\hat{P}_2' - \hat{P}_1'\hat{O}_2 + \hat{O}_1\hat{O}_2 - \hat{V}_1\hat{V}_2\,. \qquad (B.20)$$

Setzt sich die Hilfsbasis aus der Orbitalbasis und einem komplementären Teil zusammen, kann vereinfacht werden zu:

$$\hat{Q}_{12}^{(1)} = 1 - \hat{P}_1\hat{P}_2'' - \hat{P}_1''\hat{P}_2 - \hat{P}_1\hat{P}_2 , \tag{B.21}$$

$$\hat{Q}_{12}^{(2)} = 1 - \hat{O}_1\hat{P}_2'' - \hat{P}_1''\hat{O}_2 - \hat{P}_1\hat{P}_2 + \hat{V}_1\hat{V}_2 , \tag{B.22}$$

$$\hat{Q}_{12}^{(3)} = 1 - \hat{O}_1\hat{P}_2'' - \hat{P}_1''\hat{O}_2 - \hat{P}_1\hat{P}_2 . \tag{B.23}$$

C. Tabellen und explizite Ausdrücke zu Kapitel 3

Coupled-Cluster-Theorie

Ausgehend von der CC-Schrödinger-Gleichung

$$\hat{H}|\mathrm{CC}\rangle \;=\; E_{\mathrm{CC}}|\mathrm{CC}\rangle \tag{C.1}$$

erhält man den Erwartungswert der CC-Energie, indem Gl. (C.1) auf $\langle\mathrm{HF}|$ projiziert wird:

$$\langle\mathrm{HF}|\hat{H}|\mathrm{CC}\rangle \;=\; E_{\mathrm{CC}}\,. \tag{C.2}$$

Die Bestimmungsgleichungen für die CC-Amplituden erhält man durch Projektion von Gl. (C.1) auf die angeregten Determinanten $\langle\mu|$. Zur Vereinfachung multipliziert man üblicherweise zunächst von links den Operator $\exp(-\hat{T})$:

$$\exp(-\hat{T})\hat{H}\exp(\hat{T})|\mathrm{HF}\rangle \;=\; E_{\mathrm{CC}}|\mathrm{HF}\rangle \tag{C.3}$$

Hierbei wurde der CC-Ansatz aus Gl. (3.2) eingesetzt. Diese Vorgehensweise hat keine Auswirkungen auf die bereits beschriebene Energieberechnung, da

$$\langle\mathrm{HF}|\exp(-\hat{T}) \;=\; \langle\mathrm{HF}|\,. \tag{C.4}$$

Um zu betonen, dass

$$\hat{H}^{T} \;=\; \exp(-\hat{T})\hat{H}\exp(\hat{T}) \tag{C.5}$$

nicht hermitesch ist, wird $\hat{H}^{T}$ in Gl. (C.5) bzw. (C.3) auch als Similarity-Transformed-Hamilton-Operator bezeichnet. In dieser Formulierung verschwinden die rechten Seiten der Bestimmungsgleichungen:

$$\langle\mu|\exp(-\hat{T})\hat{H}\exp(\hat{T})|\mathrm{HF}\rangle \;=\; E_{\mathrm{CC}}\langle\mu|\mathrm{HF}\rangle = 0 \tag{C.6}$$

Projektionsmannigfaltigkeit

Im Rahmen der Bestimmungsgleichungen der CC-Amplituden wird die biorthogonale Basis verwendet, um den Raum der angeregten Determinanten $\langle\mu|$ abzubilden:

$$\left\langle\frac{\bar{a}}{i}\right| = \frac{1}{2}\langle\text{HF}|E_a^i\,, \tag{C.7}$$

$$\left\langle\frac{\overline{ab}}{ij}\right| = \frac{1}{6}\langle\text{HF}|(2E_b^j E_a^i + E_b^i E_a^j)\,, \tag{C.8}$$

$$\left\langle\frac{\overline{kl}}{ij}\right| = \sum_{\alpha\beta}\langle\mathbf{kl}|f_{12}\hat{Q}_{12}|\alpha\beta\rangle\left\langle\frac{\overline{\alpha\beta}}{ij}\right|\,. \tag{C.9}$$

Sie wurde bereits in Kap. 2 eingeführt, um die Berechnung der Überlappung von angeregten Determinanten zu vereinfachen.

Coupled-Cluster-Gleichungen

Unter Verwendung von Ansatz 2

$$\hat{Q}_{12} = 1 - \hat{O}_1\hat{P}_2''' - \hat{O}_1\hat{P}_2''' - \hat{O}_1\hat{O}_2 \tag{C.10}$$

ergibt sich als Energieausdruck für die CCS(F12)-Methode:

$$E = \frac{1}{2}\sum_{\mu\nu}D_{\mu\nu}^{\text{ao}}(h_{\mu\nu} + F_{\mu\nu}) + E_{\text{nuc}} + \sum_{ij\mathbf{xy}}d_{ij}^{\mathbf{xy}}\langle\mathbf{xy}|f_{12}\hat{Q}_{12}g_{12}|ij\rangle\,. \tag{C.11}$$

Die Singles-Gleichungen lauten:

$$\begin{aligned}
\Omega_i^a = {}& \tilde{F}_{ai}\\
&+ \sum_{\mathbf{xy}k}d_{ki}^{\mathbf{xy}}\langle\mathbf{yx}|f_{12}\hat{Q}_{12}g_{12}|\bar{a}k\rangle\\
&- \sum_{\mathbf{xy}klp'''}d_{kl}^{\mathbf{xy}}\langle\mathbf{xy}|f_{12}|ap'''\rangle\langle\tilde{i}p'''|g_{12}|kl\rangle\\
&+ \sum_{\mathbf{xy}kp'''}d_{ki}^{\mathbf{xy}}\langle\mathbf{xy}|f_{12}|ap'''\rangle\sum_{cl}(2\langle kl|g_{12}|p'''c\rangle - \langle lk|g_{12}|p'''c\rangle)t_c^l \tag{C.12}
\end{aligned}$$

Die Bestimmungsgleichungen für die R12-Doubles ergeben sich zu:

$$\Omega_{ij}^{\mathbf{xy}} = \tilde{V}_{ij}^{\mathbf{xy}} - \sum_{\mathbf{uv}}X_{\mathbf{xy},\mathbf{uv}}\sum_o\left(c_{oj}^{\mathbf{uv}}F_{io} + c_{io}^{\mathbf{uv}}F_{jo}\right) + \sum_{\mathbf{uv}}B_{\mathbf{xy},\mathbf{uv}}c_{ij}^{\mathbf{uv}}\,, \tag{C.13}$$

mit den Größen:

$$V_{ij}^{\mathbf{xy}} = \langle \mathbf{xy}|f_{12}\hat{Q}_{12}g_{12}|ij\rangle \tag{C.14}$$

$$\tilde{V}_{ij}^{\mathbf{xy}} = \langle \mathbf{xy}|f_{12}\hat{Q}_{12}\tilde{g}_{12}|ij\rangle \tag{C.15}$$

$$= \langle \mathbf{xy}|f_{12}g_{12}|ij\rangle - \sum_{mn} \langle \mathbf{xy}|f_{12}|\tilde{m}\tilde{n}\rangle \langle mn|g_{12}|\tilde{i}\tilde{j}\rangle$$

$$- \sum_{mq''} \langle \mathbf{xy}|f_{12}|\tilde{m}q''\rangle \langle mq''|g_{12}|\tilde{i}\tilde{j}\rangle$$

$$- \sum_{mq''} \langle \mathbf{xy}|f_{12}|q''\tilde{m}\rangle \langle q''m|g_{12}|\tilde{i}\tilde{j}\rangle \tag{C.16}$$

$$B_{\mathbf{xy},\mathbf{uv}} = (\bar{T}_{\mathbf{xy},\mathbf{uv}} - \bar{P}_{\mathbf{xy},\mathbf{uv}} + \bar{Q}_{\mathbf{xy},\mathbf{uv}})$$

$$+ \frac{1}{2}\sum_{p'} \left(X_{\mathbf{xy},p'\mathbf{v}}F_{\mathbf{u}p'} - X_{\mathbf{xy},\mathbf{u}p'}F_{\mathbf{v}p'} + F_{p'\mathbf{x}}X_{p'\mathbf{y},\mathbf{uv}} - F_{p'\mathbf{y}}X_{\mathbf{x}p',\mathbf{uv}} \right) \tag{C.17}$$

$$\bar{T}_{\mathbf{xy},\mathbf{uv}} = \frac{1}{2}(T_{\mathbf{xy},\mathbf{uv}} + T_{\mathbf{xy},\mathbf{vu}}) \tag{C.18}$$

$$T_{\mathbf{xy},\mathbf{uv}} = \langle \mathbf{xy}|f_{12}\hat{Q}_{12}[\hat{T}_{12},f_{12}]|\mathbf{uv}\rangle \tag{C.19}$$

$$P_{\mathbf{xy},\mathbf{uv}} = \langle \mathbf{xy}|f_{12}\hat{Q}_{12}\hat{K}_{12}f_{12}|\mathbf{uv}\rangle \tag{C.20}$$

$$\hat{K}_{12} = \hat{K}_1 + \hat{K}_2 \tag{C.21}$$

$$Q_{\mathbf{xy},\mathbf{uv}} = \sum_{p} \left(\langle \mathbf{xy}|f_{12}\hat{Q}_{12}f_{12}|r'\mathbf{v}\rangle K_{r'\mathbf{u}} + \langle \mathbf{xy}|f_{12}\hat{Q}_{12}f_{12}|\mathbf{u}r'\rangle K_{r'\mathbf{v}} \right) \tag{C.22}$$

$$X_{\mathbf{xy},\mathbf{uv}} = \langle \mathbf{xy}|f_{12}\hat{Q}_{12}f_{12}|\mathbf{uv}\rangle \tag{C.23}$$

$$\tag{C.24}$$

Das Update der R12-Amplituden erfolgt nach:

$$c_{ij}^{\mathbf{uv}\,(\text{neu})} = c_{ij}^{\mathbf{uv}\,(\text{alt})} + \sum_{\mathbf{xy}} [\mathbf{B}^{-1}]_{\mathbf{uv},\mathbf{xy}}\, \Omega_{ij}^{\mathbf{xy}}. \tag{C.25}$$

Brueckner-Orbitalupdate

Das Brueckner-Update erfolgt nach Ref. [112]:

$$\mathbf{U} = \exp(\Lambda) = \mathbf{1} + \Lambda + \frac{1}{2}\Lambda^2 + \cdots, \tag{C.26}$$

$$\Lambda_{ai} = t_i^a, \tag{C.27}$$

$$\Lambda_{ia} = -t_i^a, \tag{C.28}$$

$$\Lambda_{ij} = \Lambda_{ab} = 0. \tag{C.29}$$

Ausgangspunkt der Transformation sind damit die ursprünglichen Orbitale:

$$\mathbf{U}^{(n)} = \exp(\Lambda^{(n)})\cdots\exp(\Lambda^{(2)})\exp(\Lambda^{(1)}). \tag{C.30}$$

Tabellen

Tab. C.1: Energien von Ortho-Helium $(-\mu E_{\mathrm{h}})$ von Wellenfunktionen der Form $(1 + cf_{12})\Phi$.

Φ	E_{ref}	c	r_{12}		$1 - e^{-r_{12}}$		$(1 - e^{-\gamma r_{12}})/\gamma$	
			E_{corr}	Fehler	E_{corr}	Fehler	E_{corr}	Fehler
BN	2 750 000.0	$\frac{1}{2}$	126 582.3	27 142.1	98 904.1	54 820.3	117 112.5	36 611.9
		opt	127 125.1	26 599.2	100 134.6	53 589.8	129 310.3	24 414.1
HF	2 861 680.0	$\frac{1}{2}$	$-12\,678.2$	54 722.6	22 023.7	20 020.8	26 016.4	16 028.0
		opt	18 938.5	23 105.9	27 028.5	15 015.9	27 061.8	14 982.6

$$E_{\mathrm{exakt}} = 2\,903\,724.4$$

Tab. C.2: Geometrieangaben zu den berechneten Molekülen. Die Moleküle C_2H_2 bis H_2O_2 wurden zusätzlich dazu verwendet, die Methode CCS(F12) bezüglich Energiedifferenzen zu untersuchen. Alle Abstände sind in Ångstrom angegeben, die Winkel in Grad.

Molekül	Ref.	Abstand 1	Abstand 2	Winkel 1	Winkel 2
BeH_2	a	1.3348		180.000	
CH_2	b	1.1080		102.064	
HF	a	0.9006			
F_2	b	1.4091			
N_2	b	1.0988			
CO	b	1.1302			
$C_2H_3^+$	c	(class.)			
NO^+	d	1.0941			
BeO	d	1.3685			
C_2	d	1.2675			
O_3	e	1.2720		116.800	
CN^+	d	1.1993			
BN	f	1.2830			
C_2H_2	b	1.2122	1.0617	180.000	
C_2H_4	b	1.3332	1.0810	121.326	117.347
CH_4	b	1.0862			
CO_2	b	1.1703			
H_2	b	0.7374			
H_2O	b	0.9614		104.109	
H_2O_2	b	1.4538	0.9668	99.604	112.553

[a] TURBOMOLE-Testsuite, [b] Ref. [169], [c] Ref. [170], [d] Ref. [171], [e] Ref. [172], [f] Ref. [173]

Tab. C.3: Optimierte CCS(F12) Slater-Geminal-Exponenten γ^{opt} für verschiedene Moleküle unter Verwendung der festen Amplituden. Die Optimierung der Exponenten erfolgte jeweils unabhängig für feste und optimierte Amplituden. Hierbei wurde in Schritten von 0.05 a_0^{-1} vorgegangen. Die Korrelationsenergien sind in mE_h angegeben. Für die optimierten Amplituden wurden größere CABS verwendet, falls die Matrix **B** nicht positiv definit war.

Molekül	γ^{opt}	ΔCCS(F12)	%[a]
BeH_8	0.60	-63.775	99.0
CH_2	0.65	-139.938	98.0
HF	0.90	-266.148	96.8
F_2	0.90	-495.511	94.7
N_2	0.70	-352.884	95.3
CO	0.75	-335.547	95.8
$C_2H_3^+$	0.65	-275.538	96.3
NO^+	0.70	-379.881	94.9
BeO	0.70	-276.529	96.5
C_2	0.65	-283.717	74.6
O_3	0.75	-697.165	92.2
CN^+	0.50	-357.388	94.2
BN	0.55	-304.870	95.2
C_2H_2	0.65	-301.215	95.6
C_2H_4	0.65	-333.212	96.6
CH_4	0.65	-199.836	97.6
CO_2	0.75	-572.820	95.6
H_2	0.65	-33.162	99.4
H_2O	0.80	-255.100	96.9
H_2O_2	0.80	-476.369	95.7

a $\dfrac{\text{CCS(F12)}[\gamma^{opt},\ fix]}{\text{CCS(F12)}[\gamma^{opt},\ var]} \cdot 100$

Tab. C.4: Mit *var*-CCS(F12) und aVTZ berechnete Korrelationsenergien mit Frozen-Core-Näherung für das HF-Molekül unter Verwendung verschiedener Korrelationsfaktoren. Das beste Ergebnis liefert der STG-6G Ansatz und beträgt -275.012 mE_h.

$f(r_{12})$	γ	
r_{12}	$\times$	-194.510
$e^{-\gamma r_{12}}$	0.2	-232.274
	0.4	-257.499
	0.6	-270.475
	0.8	-274.884
	1.0	-273.670
	1.2	-268.843
	1.4	-261.616
$r_{12}e^{-\gamma r_{12}}$	0.2	-264.958
	0.4	-267.164
	0.6	-205.494
	0.8	-126.788
	1.0	- 74.807
	1.2	- 54.395
	1.4	- 53.573
$r_{12}\mathrm{erfc}(\gamma r_{12})$	0.2	-270.644
	0.4	-131.651
	0.6	- 50.914
	0.8	- 57.898
	1.0	- 89.155
	1.2	-114.661
	1.4	-127.044

D. Erläuterungen zu Kapitel 4

Konventionelles MP2

Die Definitionen der Größen

$$G[\mathbf{D}^F]_{pq} = \frac{1}{2} \sum_{rs} D^F_{rs} A_{rspq} \tag{D.1}$$

$$D^F_{ij} = \frac{1}{2} \sum_{abk} \frac{2(ja|g_{12}|kb) - (jb|g_{12}|ka)}{\epsilon_{jk} - \epsilon_{ab}} \cdot \frac{(ia|g_{12}|kb)}{\epsilon_{ik} - \epsilon_{ab}} \tag{D.2}$$

$$D^F_{ab} = -\frac{1}{2} \sum_{ijc} \frac{2(ia|g_{12}|jc) - (ic|g_{12}|ja)}{\epsilon_{ij} - \epsilon_{ac}} \cdot \frac{(ib|g_{12}|jc)}{\epsilon_{ij} - \epsilon_{bc}} \tag{D.3}$$

$$I''_{Bp} = -2 \sum_{ija} \frac{2(Bi|g_{12}|aj) - (Bj|g_{12}|ai)}{\epsilon_{ij} - \epsilon_{Ba}} \cdot (ip|g_{12}|ja) \tag{D.4}$$

$$L_{Jp} = -2 \sum_{abj} \frac{2(aJ|g_{12}|bj) - (aj|g_{12}|bJ)}{\epsilon_{Jj} - \epsilon_{ab}} \cdot (pu|g_{12}|bj) \tag{D.5}$$

$$A_{pqrs} = 4(pq|rs) - (pr|sq) - (ps|rq) \tag{D.6}$$

wurden Ref. [133] entnommen.

Bei $\hat{P}_{\nu\lambda}$ handelt es sich um den Permutationsoperator, bei $\mathcal{S}^{\mu\kappa}_{\nu\lambda}$ um den Symmetrisierungsoperator, welcher die Indizes von Elektron 1 ($\mu\nu$) mit denen von Elektron 2 ($\kappa\lambda$) vertauscht. Das Symbol $\oplus$ bedeutet, dass mehrere Matrizen, die sich nur über einen Teil der MO-Indizes erstrecken, zu einer großen Matrix zusammengefasst werden. Damit lässt sich der Korrelationsbeitrag zur effektiven Fock-Matrix der MP2-Methode schreiben als:

$$d^{\text{sep,ao}}_{\mu\nu\kappa\lambda} = \mathcal{S}^{\mu\kappa}_{\nu\lambda}(1 - \tfrac{1}{2}\hat{P}_{\nu\lambda})D^{\text{eff,ao}}_{\mu\nu}D^{\text{SCF,ao}}_{\kappa\lambda} \tag{D.7}$$

$$\mathbf{F}^{\text{eff}} = \tfrac{1}{2}(D^F_{pq} + D^F_{qp})\epsilon_p \oplus \bar{\kappa}_{ai}\epsilon_i \oplus (\bar{\kappa}_{ai}\epsilon_i)^T$$

$$\oplus -\tfrac{1}{2}(L_{ij} + L_{ji}) \oplus -\tfrac{1}{2}(L''_{ab} + L''_{ba}) \oplus L''_{ai} \oplus (L''_{ai})^T$$

$$\oplus \tfrac{1}{2}\sum_{rs}(D^F_{rs} + D^F_{sr})A_{rsij} \oplus \tfrac{1}{2}\sum_{kb}\bar{\kappa}_{kb}A_{kbij} \tag{D.8}$$

Der Gradient für den Korrelationsteil lautet:

$$E^{[x]}_{\Delta\text{MP2}} = \sum_{\mu\nu}D^{\text{eff,ao}}_{\mu\nu}h^{[x]}_{\mu\nu} - \sum_{pq}F^{\text{eff,ao}}_{pq}S^{[x]}_{pq}$$

$$+ \tfrac{1}{2}\underbrace{\sum_{\mu\nu\kappa\lambda}d^{\text{sep,ao}}_{\mu\nu\kappa\lambda}(\mu\nu|g_{12}|\kappa\lambda)^{[x]}}_{\Gamma^{\text{sep}}} + \Gamma^{\text{nsep}} \tag{D.9}$$

mit der nicht-separierbaren Dichte [174]:

$$\Gamma^{\text{nsep}} = \sum_{ijab}d^{\text{nsep}}_{ijab}(ia|g_{12}|jb)^{[x]} \tag{D.10}$$

$$d^{\text{nsep}}_{ijab} = -2\frac{2(ia|g_{12}|jb) - (ib|g_{12}|ja)}{\epsilon_{ab} - \epsilon_{ij}} \tag{D.11}$$

Wird Density-Fitting verwendet, ändert sich die Berechnung der 2-Elektronen-Integrale für den Korrelationsbeitrag und es müssen DF-genäherte Integrale für die effektive Dichte und die effektive Fock-Matrix verwendet werden. Darüber hinaus wird der nicht-separierbare Beitrag Γ^{nsep} effizient mit 2-Index- und 3-Index-Größen berechnet:

$$\Gamma^{\text{nsep}} = \sum_{\mu\nu P}\Delta^{\text{ao},P}_{\mu\nu}(\mu\nu|g_{12}|P)^{[x]} - \sum_{PQ}\gamma_{PQ}V^{[x]}_{PQ}. \tag{D.12}$$

Die Definitionen der Dichten Δ und γ können Ref. [133] entnommen werden.

Auswertung der Kommutatoren

$$\left.\frac{\partial}{\partial\kappa_{rs}}\langle ij|\,e^{\kappa}x_{12}e^{-\kappa}\,|kl\rangle\right|_{x=x_0} = \langle ij|\,[E_{rs}^-,x_{12}]\,|kl\rangle \tag{D.13}$$

$$\begin{aligned}
= \;& \delta_{ri}\,\langle sj|\,x_{12}\,|kl\rangle - \delta_{si}\,\langle rj|\,x_{12}\,|kl\rangle \\
&+\delta_{rk}\,\langle ij|\,x_{12}\,|sl\rangle - \delta_{sk}\,\langle ij|\,x_{12}\,|rl\rangle \\
&+\delta_{rj}\,\langle is|\,x_{12}\,|kl\rangle - \delta_{sj}\,\langle ir|\,x_{12}\,|kl\rangle \\
&+\delta_{rl}\,\langle ij|\,x_{12}\,|ks\rangle - \delta_{sl}\,\langle ij|\,x_{12}\,|kr\rangle \tag{D.14}
\end{aligned}$$

$$\left.\frac{\partial}{\partial\kappa_{r_\alpha s_\alpha}}\langle i_\alpha j_\beta|e^{\kappa}x_{12}e^{-\kappa}|k_\alpha l_\beta\rangle\right|_{x=x_0} = \langle i_\alpha j_\beta|[a_{r_\alpha s_\alpha}^-,x_{12}]|k_\alpha l_\beta\rangle \tag{D.15}$$

$$\begin{aligned}
= \;& \delta_{r_\alpha i_\alpha}\langle s_\alpha j_\beta|x_{12}|k_\alpha l_\beta\rangle - \delta_{s_\alpha i_\alpha}\langle r_\alpha j_\beta|x_{12}|k_\alpha l_\beta\rangle \\
&+\delta_{r_\alpha k_\alpha}\langle i_\alpha j_\beta|x_{12}|s_\alpha l_\beta\rangle - \delta_{s_\alpha k_\alpha}\langle i_\alpha j_\beta|x_{12}|r_\alpha l_\beta\rangle \\
&+\delta_{r_\alpha j_\beta}\langle i_\alpha s_\alpha|x_{12}|k_\alpha l_\beta\rangle - \delta_{s_\alpha j_\beta}\langle i_\alpha r_\alpha|x_{12}|k_\alpha l_\beta\rangle \\
&+\delta_{r_\alpha l_\beta}\langle i_\alpha j_\beta|x_{12}|k_\alpha s_\alpha\rangle - \delta_{s_\alpha l_\beta}\langle i_\alpha j_\beta|x_{12}|k_\alpha r_\alpha\rangle \tag{D.16} \\
= \;& \delta_{r_\alpha i_\alpha}\langle s_\alpha j_\beta|x_{12}|k_\alpha l_\beta\rangle - \delta_{s_\alpha i_\alpha}\langle r_\alpha j_\beta|x_{12}|k_\alpha l_\beta\rangle \\
&+\delta_{r_\alpha k_\alpha}\langle i_\alpha j_\beta|x_{12}|s_\alpha l_\beta\rangle - \delta_{s_\alpha k_\alpha}\langle i_\alpha j_\beta|x_{12}|r_\alpha l_\beta\rangle \tag{D.17}
\end{aligned}$$

Die energiegewichtete Dichtematrix für Ansatz 3

Die Beiträge zur energiegewichteten Dichtematrix lassen sich unterteilen in die Beiträge der [T+V] Näherung (s. Kap. 4.2.2), solche der äußeren Orbitale (s. Kap. 4.2.2) sowie solche des Projektionsoperators. Aus dem Term $+\hat{O}_1\hat{O}_2$ des Projektionsoperators in $\hat{v}_{12}$ ergibt sich:

$$\begin{aligned}
F_{Ir}^{\mathrm{eff},\Delta F12} \leftarrow \;& +2\sum_{ij}\sum_{\mathbf{kl}} d_{ij}^{\mathbf{kl}}\sum_{J}[\langle\mathbf{kl}|f_{12}|IJ\rangle\langle rJ|g_{12}|ij\rangle \\
&+\langle\mathbf{kl}|f_{12}|rJ\rangle\langle IJ|g_{12}|ij\rangle]. \tag{D.18}
\end{aligned}$$

Der Term $-\hat{V}_1\hat{V}_2$ des Projektionsoperators führt auf:

$$\begin{aligned}
F_{ar}^{\mathrm{eff},\Delta F12} \leftarrow \;& -2\sum_{ij}\sum_{\mathbf{kl}} d_{ij}^{\mathbf{kl}}\sum_{b}[\langle\mathbf{kl}|f_{12}|ab\rangle\langle rb|g_{12}|ij\rangle \\
&+\langle\mathbf{kl}|f_{12}|rb\rangle\langle ab|g_{12}|ij\rangle]. \tag{D.19}
\end{aligned}$$

Aus den anderen beiden Termen des Projektionsoperators ergeben sich zwei verschiedene Beiträge. Der erste berücksichtigt den Metrikwechsel des Projektors über die besetzten Orbitale

$$F_{Ir}^{\text{eff},\Delta F12} \leftarrow -2\sum_{ij}\sum_{\mathbf{kl}} d_{ij}^{\mathbf{kl}} \sum_{p'} [\langle \mathbf{kl}|f_{12}|Ip'\rangle\langle rp'|g_{12}|ij\rangle$$
$$+\langle \mathbf{kl}|f_{12}|rp'\rangle\langle Ip'|g_{12}|ij\rangle]\,, \qquad (\text{D}.20)$$

der zweite den Metrikwechsel der vereinigten Hilfsbasis:

$$F_{r's'}^{\text{eff},\Delta F12} \leftarrow -2\sum_{ij}\sum_{\mathbf{kl}} d_{ij}^{\mathbf{kl}} \sum_{I} [\langle \mathbf{kl}|f_{12}|r'I\rangle\langle s'I|g_{12}|ij\rangle$$
$$+\langle \mathbf{kl}|f_{12}|s'I\rangle\langle r'I|g_{12}|ij\rangle]\,. \qquad (\text{D}.21)$$

Entsprechende Beiträge ergeben sich aufgrund des Projektionsoperators in b_{12}.

Density-Fitting

Das robuste Density-Fitting ist wie folgt definiert:

$$\begin{aligned}
(\mu v|f_{12}|\kappa\lambda) &\approx (\mu v|f_{12}|\kappa\lambda)_{\text{DF}} \\
&= \sum_{PQ}(\mu v|f_{12}|P)(P|g_{12}|Q)^{-1}(Q|g_{12}|\kappa\lambda) \\
&\quad + \sum_{PQ}(\mu v|g_{12}|P)(P|g_{12}|Q)^{-1}(Q|f_{12}|\kappa\lambda) \\
&\quad - \sum_{PQRS}(\mu v|g_{12}|P)(P|g_{12}|Q)^{-1}(Q|f_{12}|R)(R|g_{12}|S)^{-1}(S|g_{12}|\kappa\lambda)\,.
\end{aligned} \qquad (\text{D}.22)$$

Für g_{12}-Integrale vereinfacht sich die Berechnung zu:

$$\begin{aligned}
(\mu v|g_{12}|\kappa\lambda) &\approx (\mu v|g_{12}|\kappa\lambda)_{\text{DF}} \\
&= \sum_{PQ}(\mu v|g_{12}|P)(P|g_{12}|Q)^{-1}(Q|g_{12}|\kappa\lambda)\,.
\end{aligned} \qquad (\text{D}.23)$$

Die Ableitungen werden in Kap. 4.4.3 beschrieben.

CABS-Singles

Der 2-Elektronen-Beitrag G der Fock-Matrix lautet in der RI-JK-Näherung:

$$G_{pq} = \frac{1}{2}\sum_{K} [2(pq|g_{12}|P)(P|g_{12}|Q)^{-1}(Q|g_{12}|KK) \qquad (\text{D}.24)$$
$$- (pK|g_{12}|P)(P|g_{12}|Q)^{-1}(Q|g_{12}|qK)]\,. \qquad (\text{D}.25)$$

Die Ableitung des ersten Terms des Hylleraas-Funktionals der CABS-Singles ist:

$$
\begin{aligned}
\sum_{Ip''q''} c_I^{p''} G_{p''q''}^{[x]} c_I^{q''} \;=\;& \sum_{Ip''q''} c_I^{p''} c_I^{q''} \sum_K (p''q''|g_{12}|P)^{[x]}\, {}^g\Gamma_{KK}^P \\
&+ \sum_{Ip''q''} c_I^{p''} c_I^{q''} \sum_K {}^g\Gamma_{p''q''}^Q (Q|g_{12}|KK)^{[x]} \\
&- \sum_{Ip''q''} c_I^{p''} c_I^{q''} \sum_K {}^g\Gamma_{p''q''}^P (P|g_{12}|Q)^{[x]}\, {}^g\Gamma_{KK}^Q \\
&- \frac{1}{2} \sum_{Ip''q''} c_I^{p''} c_I^{q''} \sum_K (p''K|g_{12}|P)^{[x]}\, {}^g\Gamma_{q''K}^P \times 2 \\
&+ \frac{1}{2} \sum_{Ip''q''} c_I^{p''} c_I^{q''} \sum_K {}^g\Gamma_{p''K}^P (P|g_{12}|Q)^{[x]}\, {}^g\Gamma_{q''K}^Q .
\end{aligned}
\tag{D.26}
$$

Der zweite Term liefert den Beitrag:

$$
\begin{aligned}
\sum_{p''IJ} c_I^{p''} G_{IJ}^{[x]} c_J^{p''} \;=\;& \sum_{p''IJ} c_I^{p''} c_J^{p''} \sum_K (IJ|g_{12}|P)^{[x]}\, {}^g\Gamma_{KK}^P \\
&+ \sum_{p''IJ} c_I^{p''} c_J^{p''} \sum_K {}^g\Gamma_{IJ}^Q (Q|g_{12}|KK)^{[x]} \\
&- \sum_{p''IJ} c_I^{p''} c_J^{p''} \sum_K {}^g\Gamma_{IJ}^P (P|g_{12}|Q)^{[x]}\, {}^g\Gamma_{KK}^Q \\
&- \frac{1}{2} \sum_{p''IJ} c_I^{p''} c_J^{p''} \sum_K (IK|g_{12}|P)^{[x]}\, {}^g\Gamma_{JK}^P \times 2 \\
&+ \frac{1}{2} \sum_{p''IJ} c_I^{p''} c_J^{p''} \sum_K {}^g\Gamma_{IK}^P (P|g_{12}|Q)^{[x]}\, {}^g\Gamma_{JK}^Q .
\end{aligned}
\tag{D.27}
$$

Der dritte Term liefert den Beitrag:

$$
\begin{aligned}
\sum_{p''I} c_I^{p''} G_{p''I}^{[x]} \;=\; & \sum_{p''I} c_I^{p''} \sum_K (p''I|g_{12}|P)^{[x]}\, {}^g\Gamma_{KK}^P \\
& + \sum_{p''I} c_I^{p''} \sum_K {}^g\Gamma_{p''I}^Q (Q|g_{12}|KK)^{[x]} \\
& - \sum_{p''I} c_I^{p''} \sum_K {}^g\Gamma_{p''I}^P (P|g_{12}|Q)^{[x]}\, {}^g\Gamma_{KK}^Q \\
& - \frac{1}{2} \sum_{p''I} c_I^{p''} \sum_K (p''K|g_{12}|P)^{[x]}\, {}^g\Gamma_{IK}^P \\
& - \frac{1}{2} \sum_{p''I} c_I^{p''} \sum_K {}^g\Gamma_{p''K}^Q (Q|g_{12}|IK)^{[x]} \\
& + \frac{1}{2} \sum_{p''I} c_I^{p''} \sum_K {}^g\Gamma_{p''K}^P (P|g_{12}|Q)^{[x]}\, {}^g\Gamma_{IK}^Q .
\end{aligned}
\tag{D.28}
$$

E. Tabellen zu Kapitel 6

Numerische Ergebnisse

Tab. E.1: Gleichgewichtsgeometrien von ausgewählten Molekülen, optimiert mit RI-MP2-F12/3A und MP2-F12/3B mit CABS-Singles.

Basis	Molekül	Parameter	3A	3B
cc-pVDZ-F12	CH_2 $(^1A_1)$	R_{CH} / pm	110.31	110.28
		$\sphericalangle_{H\text{-}C\text{-}H}$ / °	102.16	102.15
	CO	$R_{C\text{-}O}$ / pm	113.48	113.49
	H_2O	$R_{O\text{-}H}$ / pm	95.89	95.88
		$\sphericalangle_{H\text{-}O\text{-}H}$ / °	104.29	104.31
	HF	$R_{F\text{-}H}$ / pm	91.89	91.89
	NH_3	$R_{N\text{-}H}$ / pm	101.04	101.01
		$\sphericalangle_{H\text{-}N\text{-}H}$ / °	106.84	106.92
	OH	$R_{O\text{-}H}$ / pm	96.70	96.69

Dipolmomente

Tab. E.2: Dipolmomente (in mea_0) erhalten mit Frozen-Core und MP2-F12/3A* für ausgewählte Moleküle. [a]Die F12-Amplituden wurden entweder festgehalten oder variationell optimiert. [b]Extrapolation der explizit korrelierten Ergebnisse.

Basis	CABS-Singles	Amp.[a]	H_2O	NH_3	OH	ClO
aVDZ-F12	Nein	*var*	745.72	616.31	667.16	492.48
	Nein	*fix*	745.38	616.20	666.11	492.91
	Ja	*var*	741.44	615.43	664.00	488.90
	Ja	*fix*	741.10	615.32	662.94	489.33
aVTZ-F12	Nein	*var*	737.65	611.67	661.75	490.18
	Nein	*fix*	737.56	611.59	661.53	490.45
	Ja	*var*	736.74	611.29	661.13	489.52
	Ja	*fix*	736.65	611.22	660.91	489.81
aVQZ-F12	Nein	*var*	735.75	610.47	660.48	488.19
	Nein	*fix*	735.73	610.44	660.42	488.27
	Ja	*var*	735.70	610.44	660.46	488.24
	Ja	*fix*	735.67	610.41	660.40	488.32
Limit[b]			735.3	610.2	660.3	488.4

Tab. E.3: Dipolmomente (in mea_0) von HBr berechnet mit der Frozen-Core-Näherung. $R_{H\text{-}Br}$ = 140.75 pm. MP2-F12 steht für *var*-RI-MP2-F12/3A*-[T+V]. Erwartetes Basissatz-Limit ist 342 mea_0.

Basis	MP2	MP2-F12	MP2-F12 + CABS-Singles
aVDZ	353.49	368.36	349.76
aVTZ	331.33	345.39	343.08
aVQZ	336.47	343.63	342.56
aV5Z	338.92	343.05	342.32

Untersuchungen zum Density-Fitting

Tab. E.4: Ergebnisse analytischer Geometrieoptimierungen von C_2H_4 mit *var*-RI-MP2-F12 ohne CABS-Singles.

Basis	R_{C-C} / pm	R_{C-H} / pm	$\angle_{H-C-H}$ / °
aug-cc-pVDZ	133.77	108.69	117.53
aug-cc-pVDZ	132.93	107.98	117.41
aug-cc-pV5Z	132.87	107.95	117.39
aug-cc-pV5Z	132.87	107.94	117.39

Tab. E.5: Untersuchungen zum DF-Fehler mit der Orbitalbasis aug-cc-pVDZ ohne CABS-Singles. Als Density-Fitting-Basis wurde C-aug-cc-pwCVTZ ($\hat{=}$ X+1) verwendet, welche von Hand um diffuse Funktionen ergänzt wurde (s. Tab. E.6). $\|\nabla\|$ bezeichnet die Norm des Gradienten der Startgeometrie in mE_h/a_0. Konvergenzkriterien siehe Text. R_{Et-Et} bezeichnet den intermolekularen Abstand im Dimer. Energien E sind in mE_h, Abstände R in pm und Winkel $\angle$ in Grad angegeben.

$(C_2H_4)_2$		*var*-RI-MP2-F12/3A*-[T+V]
1. Iteration	$\|\nabla\|$	20.502
	$E_{\Delta F12}$	-192.219
Optimiert	R_{C-C}	133.82
	R_{C-H}	108.76
	$\angle_{H-C-H}$	117.33
	R_{Et-Et}	366.44

Tab. E.6: Zur Density-Fitting-Basis C-aug-cc-pwCVTZ hinzugefügte Funktionen für die Elemente Kohlenstoff und Wasserstoff. Die neuen Exponenten wurden erhalten, indem jeweils die kleinsten Exponenten der Ausgangsbasis halbiert wurden. Die so erhaltene Basis kann als C-d-aug-cc-pwCVTZ benannt werden, wobei „d-aug" für engl.: „*doubly augmented*" steht. Das Hinzufügen weiterer diffuser Funktionen („t-aug") ergibt keine signifikante Verbesserung.

	C	H
s	0.050718	0.063602
p	0.057030	0.122706
d	0.074500	0.218330
f	0.100900	0.121504
g	0.218050	—

Geometrien

Tab. E.7: Auxiliar-Basissätze für die Elemente H, C, O, N.

Typ	Basis	X=	Referenz
C-	cc-pVXZ	D, T, Q	[175]
		5	[176]
		6	[177]
	cc-pwCVXZ	D, T, Q, 5	[176]
	aug-XZ	D, T, Q	[175]
		5	[176]
		6	[177]

Tab. E.8: Geometrieoptimierungen verschiedener Moleküle mit *fix*-RI-MP2-F12 im Rahmen der [T+V]-Näherung.

CABS-Singles	Basis	H_2O		NH_3		HF
		$R_{O\text{-}H}$ / pm	$\sphericalangle_{H\text{-}O\text{-}H}$ / °	$R_{N\text{-}H}$ / pm	$\sphericalangle_{H\text{-}N\text{-}H}$ / °	$R_{H\text{-}F}$ / pm
nein	aVDZ	96.21	104.12	101.46	106.48	92.19
ja	aVDZ	95.99	104.36	101.04	106.91	91.99
nein	aVTZ	95.97	104.40	101.03	106.95	92.05
ja	aVTZ	95.86	104.40	100.97	106.94	91.87
nein	aVQZ	95.85	104.39	100.97	106.98	91.87
ja	aVQZ	95.83	104.39	100.95	106.97	91.84
nein	aV5Z	95.84	104.39	100.96	106.99	91.85
ja	aV5Z	95.84	104.39	100.95	106.99	91.85

Tab. E.9: Geometrien verschiedener Moleküle am Basissatzlimit. Die Optimierungen wurden analytisch mit *var*-RI-MP2-F12 im Rahmen der [T+V]-Näherung für aug-cc-pV5Z mit CABS-Singles durchgeführt. [a]Energien in mE_h.

Molekül	R / pm	$\sphericalangle$ / °	$E^a_{\Delta MP2F12}$	$E^a_{\Delta s}$
H_2O	95.84	104.39	-300.583	-0.040
NH_3	100.95	106.99	-264.400	-0.038
HF	91.85	—	-319.806	-0.036

Tab. E.10: Mit RI-MP2 optimierte Geometrien des NH_3-Moleküls. [a]Mit RI-MP2-F12 berechnetes Basissatzlimit für Bindungsenergie bei gegebener Geometrie (Basis: aug-cc-pV5Z). [b]Siehe Tab. E.9.

	R_{N-H} / pm	$\sphericalangle_{H-N-H}$ / °	$E_{\Delta F12}$ / mE_h
aVDZ	102.02	106.30	-199.981
aVTZ	101.21	106.77	-240.207
aVQZ	101.02	106.89	-253.670
aV5Z	100.97	106.94	-258.811
			-264.366[a]
aV6Z	100.96	106.96	-261.051
Limit[b]	100.95	106.99	-264.400

Tab. E.11: Mit RI-MP2 optimierte Geometrien des HF-Moleküls. [a]Mit RI-MP2-F12 berechnetes Basissatzlimit für Bindungsenergie bei gegebener Geometrie (Basis: aug-cc-pV5Z). [b]Siehe Tab. E.9.

	R_{F-H} / pm	$E_{\Delta F12}$ / mE_h
aVDZ	92.48	-222.723
aVTZ	92.18	-280.053
aVQZ	91.87	-301.282
aV5Z	91.83	-310.051
		-319.668[a]
aV6Z	91.84	-313.998
Limit[b]	91.85	310.806

F. Vorgehensweise im Rahmen der Anwendungen

Alle Berechnungen erfolgten in der Frozen-Core-Näherung.

Trimerisierung von Pyrazin

Die Strukturen der Reaktanden und Produkte wurden mit MP2-Geometrieoptimierungen in verschiedenen Basissätzen berechnet. Anschließend erfolgten Single-Point-Energieberechnungen mit CC-Methoden und RI-MP2-F12.

Die explizit korrelierten Rechnungen wurden mit den in dieser Arbeit hergeleiteten und implementierten F12-Integralen (s. Kap. 2) für Standardnäherung 3B ausgeführt. Der Exponent des Slater-Korrelationsfaktors wurde auf $\gamma = 1.4a_0$ gesetzt. Für die Amplituden wurde die *fix*-Methode verwendet. Zur Bestimmung des Basissatzlimits wurden Rechnungen mit verschiedenen Kombinationen von Orbitalbasissätzen mit CABS durchgeführt. Unter anderem wurde aug-cc-pV5Z von Dunning [2, 137] als Orbitalbasis und C-def2-SVP, C-def2-TZVP sowie C-cc-pVTZ als CABS eingesetzt [175, 178]. Verwendet wurden beispielsweise C-aug-cc-pV5Z für das Density-Fitting und entsprechende RI-JK-Fitting-Basissätze für die Berechnung der Fock-Matrix, welche im Rahmen von RI-MP2-F12 mithilfe der RI-JK-Näherung erfolgt.

Die DFT-Rechnungen wurden mit den Basissätzen cc-pVDZ und cc-pVTZ durchgeführt. Als Funktionale wurden B3LYP[179–182], PBE [183] und PW91 [184, 185] verwendet.

Argon-Anlagerung an kaltes *n*-Propanol

Die Geometrieoptimierungen erfolgten mit RI-MP2 unter Verwendung der Orbitalbasis def2-TZVPP mit Turbomole [61] (Module: Dscf [186], Rimp2 [135, 178, 187], Ricc2 [62, 131] , Ridft [188], Relax [189]). Die optimierten Strukturen wurden durch harmonische Schwingungsanalysen mit numerischen zweiten Ableitungen charakterisiert.

An den lokalen Minima wurden Single-Point-Rechnungen mit *fix*-RI-MP2-F12 unter Verwendung der Orbitalbasis def2-QZVPP durchgeführt. Als CABS wurden C-def2-SVP [178] eingesetzt. Die CCSD(T)-Rechnungen wurden mit Molpro [168] mit der Orbitalbasis aug-cc-pVTZ durchgeführt. Es erfolgte eine konventionelle CP-Korrektur der Energien für die Anlagerung von einem Ar-Atom [190–192] und eine erweiterte CP-Korrektur für die Anlagerung von zwei Ar-Atomen [193–195].

Ziel der vorgenommenen Untersuchungen ist die Berechnung der Wellenzahl-Verschiebungen mit einer Genauigkeit von $\pm 20\%$ bzw. ± 1 cm^{-1}. Unter der Annahme, dass die großen Anharmonizitäten der OH-Streckschwingung sich nicht durch die Anwesenheit von Argon ändern, wurden Anharmonizitätseffekte als konstant angenommen. Auch wurde die Kopplung zu anderen Schwingungen vernachlässigt, da die OH-Streckschwingung energetisch stark separiert ist. Beide Näherungen zusammen werden als harmonische 1D-Näherung bezeichnet. In dieser Näherung erfolgt eine Variation des OH-Abstands ohne Relaxation der restlichen Atome und die Auftragung der Energie in Abhängigkeit des OH-Abstands. Durch Anfitten einer Parabel erhält man die genäherte Schwingungsfrequenz.

Literaturverzeichnis

[1] T. Helgaker, W. Klopper und D. P. Tew, *Mol. Phys.* **106**, 2107 (2008).

[2] T. H. Dunning Jr., *J. Chem. Phys.* **90**, 1007 (1989).

[3] T. H. Dunning Jr., K. A. Peterson und D. E. Woon, in *Encyclopedia of Computational Chemistry*, Ed. P. v R Schleyer (Wiley, New York 1998).

[4] T. Kato, *Commun. Pure Appl. Math.* **10**, 151 (1957).

[5] W. Kutzelnigg, *Theor. Chim. Acta* **68**, 445 (1985).

[6] W. Klopper und W. Kutzelnigg, *Chem. Phys. Lett.* **134**, 17 (1987).

[7] W. Klopper, R. Röhse und W. Kutzelnigg, *Chem. Phys. Lett.* **178**, 455 (1991).

[8] J. Noga, W. Kutzelnigg und W. Klopper, *Chem. Phys. Lett.* **199**, 497 (1992).

[9] J. Noga und W. Kutzelnigg, *J. Chem. Phys.* **101**, 7738 (1994).

[10] W. Klopper und C. C. M. Samson, *J. Chem. Phys.* **116**, 6397 (2002).

[11] J. Noga, P. Valiron und W. Klopper, *J. Chem. Phys.* **115**, 2022 (2001).

[12] J. Noga, P. Valiron und W. Klopper, *J. Chem. Phys.* **115**, 5690 (2001).

[13] J. Noga, P. Valiron und W. Klopper, *J. Chem. Phys.* **117**, 2989 (2002).

[14] M. Jaszuński, W. Klopper und J. Noga, *J. Chem. Phys.* **113**, 71 (2000).

[15] D. Tunega, J. Noga und W. Klopper, *Chem. Phys. Lett.* **269**, 435 (1997).

[16] D. Tunega und J. Noga, *Theor. Chem. Acc.* **100**, 78 (1998).

[17] A. Halkier, W. Klopper, T. Helgaker und P. Jørgensen, *J. Chem. Phys.* **111**, 4424 (1999).

[18] A. Halkier, T. Helgaker, W. Klopper und J. Olsen, *Chem. Phys. Lett.* **319**, 287 (2000).

[19] A. A. Auer, T. Helgaker und W. Klopper, *Phys. Chem. Chem. Phys.* **2**, 2235 (2000).

[20] W. Klopper, J. G. C. M. van Duijneveldt-van de Rijdt und F. B. van Duijneveldt, *Phys. Chem. Chem. Phys.* **2**, 2227 (2000).

[21] M. Heckert, M. Kállay, D. P. Tew, W. Klopper und J. Gauss, *J. Chem. Phys.* **125**, 044108 (2006).

[22] D. P. Tew, W. Klopper, M. Heckert und J. Gauss, *J. Phys. Chem. A* **111**, 11242 (2007).

[23] Dalton, a molecular electronic structure program, release 2.0, 2005; Homepage: `http://www.kjemi.uio.no/software/dalton/dalton.html`.

[24] E. Kordel, C. Villani und W. Klopper, *J. Chem. Phys.* **122**, 214306 (2005).

[25] E. Kordel, C. Villani und W. Klopper, *Mol. Phys.* **105**, 2565 (2007).

[26] E. F. Valeev, *Chem. Phys. Lett.* **395**, 190 (2004).

[27] F. R. Manby, *J. Chem. Phys.* **119**, 4607 (2003).

[28] S. Kedžuch, M. Milko und J. Noga, *Int. J. Quantum Chem.* **105**, 929 (2005).

[29] S. Ten-no, *J. Chem. Phys.* **121**, 117 (2004).

[30] P. Wind, W. Klopper und T. Helgaker, *Theor. Chim. Acta* **107**, 173 (2002).

[31] D. Yamaki, H. Koch und S. Ten-no, *J. Chem. Phys.* **127**, 144104 (2007).

[32] W. Klopper, F. R. Manby, S. Ten-no und E. F. Valeev, *Int. Rev. Phys. Chem.* **25**, 427 (2006).

[33] T. Jung, R. Beckhaus, T. Klüner, S. Höfener und W. Klopper, *J. Chem. Theory Comp.* **5**, 2044 (2009).

[34] T. B. Adler, H.-J. Werner und F. R. Manby, *J. Chem. Phys.* **130**, 054106 (2009).

[35] D. P. Tew, W. Klopper, C. Neiss und C. Hättig, *Phys. Chem. Chem. Phys.* **9**, 1921 (2007).

[36] T. B. Adler, G. Knizia und H.-J. Werner, *J. Chem. Phys.* **127**, 221106 (2007).

[37] D. P. Tew, W. Klopper und C. Hättig, *Chem. Phys. Lett.* **452**, 326 (2008).

[38] A. Köhn, G. W. Richings und D. P. Tew, *J. Chem. Phys.* **129**, 201103 (2008).

[39] E. F. Valeev, *Phys. Chem. Chem. Phys.* **10**, 106 (2008).

[40] M. Torheyden und E. F. Valeev, *Phys. Chem. Chem. Phys.* **10**, 3410 (2008).

[41] J. Noga, S. Kedžuch, J. Šimunek und S. Ten-no, *J. Chem. Phys.* **128**, 174103 (2008).

[42] J. Noga, S. Kedžuch, J. Šimunek und S. Ten-no, *J. Chem. Phys.* **130**, 029901 (2009).

[43] E. F. Valeev und T. D. Crawford, *J. Chem. Phys.* **128**, 244113 (2008).

[44] T. Shiozaki, M. Kamiya, S. Hirata und E. F. Valeev, *Phys. Chem. Chem. Phys.* **10**, 3358 (2008).

[45] T. Shiozaki, M. Kamiya, S. Hirata und E. F. Valeev, *J. Chem. Phys.* **129**, 071101 (2008).

[46] D. Bokhan, S. Bernadotte und S. Ten-no, *Chem. Phys. Lett.* **469**, 214 (2009).

[47] T. Shiozaki, M. Kamiya, S. Hirata und E. F. Valeev, *J. Chem. Phys.* **130**, 054101 (2009).

[48] G. Knizia, T. B. Adler, und H.-J. Werner, *J. Chem. Phys.* **130**, 054104 (2009).

[49] A. Köhn, *J. Chem. Phys.* **130**, 131101 (2009).

[50] D. P. Tew, W. Klopper, C. Neiss und C. Hättig, *Phys. Chem. Chem. Phys.* **10**, 6325 (2008).

[51] T. Helgaker, P. Jørgenson und J. Olsen, *Molecular Electronic-Structure Theory*, Erste Auflage (Reprint) ed. (Wiley, New York, Weinheim 2002).

[52] H.-J. Werner, T. B. Adler und F. R. Manby, *J. Chem. Phys.* **126**, 164102 (2007).

[53] H.-J. Werner und F. R. Manby, *J. Chem. Phys.* **124**, 054114 (2006).

[54] F. R. Manby, H.-J. Werner, T. B. Adler und A. J. May, *J. Chem. Phys.* **124**, 094103 (2006).

[55] S. Höfener, F. A. Bischoff, A. Glöß und W. Klopper, *Phys. Chem. Chem. Phys.* **10**, 3390 (2008).

[56] F. A. Bischoff, S. Höfener, A. Glöß und W. Klopper, *Theor. Chem. Acc.* **121**, 11 (2008).

[57] F. A. Bischoff, S. Wolfsegger, D. P. Tew und W. Klopper, *Mol. Phys.* **107**, 963 (2009).

[58] G. Rauhut, G. Knizia und H.-J. Werner, *J. Chem. Phys.* **120**, 054105 (2009).

[59] P. Botschwina, R. Oswald, G. Knizia und H.-J. Werner, *Z. Phys. Chem.* **223**, 447 (2009).

[60] D. P. Tew, W. Klopper, R. A. Bachorz und C. Hättig, in *Handbook of High-Resolution Spectroscopies*, Ed. F. Merkt und M. Quack (Wiley, Chichester 2009).

[61] R. Ahlrichs, M. Bär, M. Häser, H. Horn und C. Kölmel, *Chem. Phys. Lett.* **162**, 165 (1989).

[62] F. Weigend und C. Hättig, *J. Chem. Phys.* **113**, 5154 (2000).

[63] P. A. M. Dirac, *Proc. Roy. Soc. London (A)* **114**, 243 (1927).

[64] P. Jordan und O. Klein, *Z. Phys.* **45**, 751 (1927).

[65] P. Jordan, *Z. Phys.* **45**, 766 (1927).

[66] P. Jordan, *Z. Phys.* **44**, 473 (1927).

[67] P. Jordan und E. Wigner, *Z. Phys.* **47**, 631 (1928).

[68] V. Fock, *Z. Phys.* **75**, 622 (1932).

[69] S. Höfener, C. Hättig und W. Klopper, *Z. Phys. Chem.* (im Druck).

[70] P. R. Surjan, *Second Quantized Approach to Quantum Chemistry* (Springer, Heidelberg 1989).

[71] D. P. Tew und W. Klopper, Vorlesungsunterlagen, C4-Seminar, ETH Zürich, 2006.

[72] C. Møller und M. S. Plesset, *Phys. Rev.* **46**, 618 (1934).

[73] E. A. Hylleraas, *Z. Phys.* **65**, 209 (1930).

[74] W. Kutzelnigg und W. Klopper, *J. Chem. Phys.* **94**, 1985 (1991).

[75] D. P. Tew, W. Klopper und F. R. Manby, *J. Chem. Phys.* **127**, 174105 (2007).

[76] H. Fliegl, W. Klopper und C. Hättig, *J. Chem. Phys.* **122**, 84107 (2005).

[77] S. Ten-no, *Chem. Phys. Lett.* **398**, 56 (2004).

[78] A. J. May und F. R. Manby, *J. Chem. Phys.* **121**, 4479 (2004).

[79] A. J. May, E. F. Valeev, R. Polly und F. R. Manby, *Phys. Chem. Chem. Phys.* **7**, 2710 (2005).

[80] D. P. Tew und W. Klopper, *J. Chem. Phys.* **123**, 074101 (2005).

[81] D. P. Tew und W. Klopper, *J. Chem. Phys.* **125**, 094302 (2006).

[82] S. Ten-no, *J. Chem. Phys.* **126**, 014108 (2007).

[83] S. Ten-no, *Chem. Phys. Lett.* **447**, 175 (2007).

[84] W. Klopper, *Chem. Phys. Lett.* **186**, 583 (1991).

[85] R. A. Bachorz, W. Klopper und M. Gutowski, *J. Chem. Phys.* **126**, 085101 (2007).

[86] D. P. Tew und W. Klopper, *Mol. Phys.* **108**, 315 (2010).

[87] D. Bokhan, S. Ten-no und J. Noga, *Phys. Chem. Chem. Phys.* **10**, 3320 (2008).

[88] D. Bokhan, S. Bernadotte und S. Ten-no, *J. Chem. Phys.* **131**, 084105 (2009).

[89] F. A. Bischoff, Dissertation, Universität Karlsruhe (TH), 2009.

[90] W. Klopper und W. Kutzelnigg, *J. Mol. Struct.* **135**, 339 (1986).

[91] J. Jensen, *Theor. Chim. Acta* **113**, 267 (2005).

[92] F. Jensen, *Theo. Chem. Acc.* **104**, 484 (2000).

[93] D. W. Schwenke, *J. Chem. Phys.* **122**, 014107 (2005).

[94] G. Knizia und H.-J. Werner, *J. Chem. Phys.* **128**, 154103 (2008).

[95] R. Jurgens-Lutovsky und J. Almlöf, *Chem. Phys. Lett.* **178**, 451 (1991).

[96] S. Höfener, Unveröffentlichte Ergebnisse.

[97] S. Obara und A. Saika, *J. Chem. Phys.* **84**, 3963 (1985).

[98] R. Ahlrichs, *Phys. Chem. Chem. Phys.* **8**, 3072 (2006).

[99] R. T. Pack und W. B. Brown, *J. Chem. Phys.* **45**, 556 (1966).

[100] D. P. Tew, *J. Chem. Phys.* **129**, 014104 (2008).

[101] O. Christiansen, H. Koch und P. Jørgensen, *Chem. Phys. Lett.* **243**, 409 (1995).

[102] S. Höfener, D. P. Tew, T. Helgaker und W. Klopper, *Chem. Phys.* **356**, 25 (2009).

[103] H. Fliegl, C. Hättig und W. Klopper, *J. Chem. Phys.* **124**, 44112 (2006).

[104] B. J. Persson und P. R. Taylor, *J. Chem. Phys.* **105**, 5915 (1996).

[105] R. Polly, H.-J. Werner, P. Dahle und P. R. Taylor, *J. Chem. Phys.* **124**, 1 (2006).

[106] P. Dahle, T. Helgaker, D. Jonsson und P. R. Taylor, *Phys. Chem. Chem. Phys.* **9**, 3112 (2007).

[107] P. Dahle, T. Helgaker, D. Jonsson und P. R. Taylor, *Phys. Chem. Chem. Phys.* **10**, 3377 (2008).

[108] C. Neiss, C. Hättig und W. Klopper, *J. Chem. Phys.* **125**, 64111 (2006).

[109] G. D. Purvis III und R. J. Bartlett, *J. Chem. Phys.* **76**, 1910 (1982).

[110] R. A. Chiles und C. E. Dykstra, *J. Chem. Phys.* **74**, 4544 (1981).

[111] N. C. Handy, J. A. Pople, M. Head-Gordon, K. Raghavachari und G. W. Trucks, *Chem. Phys. Lett.* **164**, 185 (1989).

[112] C. Hampel, K. A. Peterson und H.-J. Werner, *Chem. Phys. Lett.* **190**, 1 (1992).

[113] W. Klopper, J. Noga, H. Koch und T. Helgaker, *Theor. Chem. Acc.* **97**, 164 (1997).

[114] E. Kordel, Dissertation, Universität Karlsruhe (TH), 2007.

[115] T. Helgaker, P. Jørgensen und N. C. Handy, *Theor. Chim. Acta* **76**, 227 (1989).

[116] J. Linderberg und Y. Öhrn, *Propagators in quantum chemistry* (Academic Press, London 1973).

[117] T. Helgaker und P. Jørgensen, in *Computational Molecular Physics*, Ed. S. Wilson und G. H. F. Diercksen (Plenum Press, New York 1992), Kap. Calculation of geometrical derivatives in molecular electronic strucutre theory.

[118] T. Helgaker und P. Jørgensen, *Adv. Quantum Chem.* **19**, 183 (1988).

[119] Siehe Lehrbücher der Quantentheorie oder Quantenchemie, z.B. W. Kutzelnigg, *Einführung in die Theoretische Chemie* (VCH, Weinheim 1992).

[120] J. Hellmann, *Einführung in die Quantenchemie* (Deuticke & Co., Leipzig 1937).

[121] R. P. Feynman, *Phys. Rev.* **56**, 340 (1939).

[122] J. Gauss, in *Modern Methods and Algorithms of Quantum Chemistry*, Ed. J. Grotendorst (NIC-Direktoren, Jülich 2000), Kap. Molecular Properties, S. 1191.

[123] V. Bakken, T. Helgaker, W. Klopper und K. Ruud, *Mol. Phys.* **96**, 653 (1999).

[124] Siehe beispielsweise die Diskussion von P. Pulay, in *Modern Electronic Structure Theory*, Ed. D. Yarkony (World Scientific, Singapore 1995).

[125] T. Helgaker und J. Almlöf, *Int. J. Quant. Chem.* **XXVI**, 275 (1984).

[126] P. Jørgensen und T. Helgaker, *J. Chem. Phys.* **89**, 1560 (1988).

[127] J. Gerratt und I. M. Mills, *J. Chem. Phys.* **49**, 1719 (1968).

[128] N. C. Handy und H. F. Schaefer III, *J. Chem. Phys.* **81**, 5031 (1984).

[129] C. C. J. Roothaan und P. S. Bagus, *Methods Comput. Phys.* **2**, 47 (1963).

[130] M. J. Frisch, M. Head-Gordon und J. A. Pople, *Chem. Phys. Lett.* **166**, 275 (1990).

[131] C. Hättig, *J. Chem. Phys.* **118**, 7751 (2003).

[132] F. Weigend, Dissertation, Universität Karlsruhe (TH), 1999.

[133] C. Hättig, A. Hellweg und A. Köhn, *Phys. Chem. Chem. Phys.* **8**, 1159 (2006).

[134] A. Glöß, Dissertation, Universität Karlsruhe (TH), 2007.

[135] F. Weigend und M. Häser, *Theor. Chem. Acc.* **97**, 331 (1997).

[136] A. Köhn, Dissertation, Universität Karlsruhe (TH), 2003.

[137] R. A. Kendall, T. H. Dunning Jr. und R. J. Harrison, *J. Chem. Phys.* **96**, 6796 (1992).

[138] K. L. Bak, J. Gauss, T. Helgaker, P. Jørgensen und J. Olsen, *Chem. Phys. Lett.* **319**, 563 (2000).

[139] S. Tsuzuki und K. Tanabe, *J. Phys. Chem.* **96**, 10804 (1992).

[140] J. Demaison und J. Liévin, *Mol. Phys.* **106**, 1249 (2008).

[141] J. Sadlej, R. Moszynski, J. C. Dobrowolski und A. P. Mazurek, *J. Phys. Chem. A* **103**, 8528 (1999).

[142] K. Yousaf und K. Peterson, *Chem. Phys. Lett.* **476**, 303 (2009).

[143] A. D. Boese, J. M. L. Martin und W. Klopper, *J. Phys. Chem. A* **111**, 11122 (2007).

[144] K. Raghavachari, G. W. Trucks, J. A. Pople und M. Head-Gordon, *Chem. Phys. Lett.* **157**, 479 (1989).

[145] R. J. Bartlett, J. D. Watts, S. A. Kucharski und J. Noga, *Chem. Phys. Lett.* **165**, 513 (1990).

[146] J. F. Stanton, *Chem. Phys. Lett.* **281**, 130 (1997).

[147] J. D. Watts, J. Gauss und R. J. Bartlett, *Chem. Phys. Lett.* **200**, 1 (1992).

[148] J. D. Watts, J. Gauss und R. J. Bartlett, *J. Chem. Phys.* **98**, 8718 (1993).

[149] F. Jensen, *Introduction to Computational Chemistry* (Wiley, Chichester 2002).

[150] J. J. Lee, S. Höfener, W. Klopper, T. N. Wassermann und M. A. Suhm, *J. Phys. Chem. C* **113**, 10929 (2009).

[151] S. L. Buchwald und R. B. Nielsen, *Chem. Rev.* **88**, 1047 (1988).

[152] M. I. Bruce, *Chem. Rev.* **98**, 2797 (1998).

[153] D. Seyferth, *Organometallics* **22**, 2 (2003).

[154] W. R. Browne, R. Hage und J. G. Vos, *Coord. Chem. Rev.* **250**, 1653 (2006).

[155] T. Ishi-I, K. Yamuga, R. Kuwahara, Y. Taguri und S. Mataka, *Org. Lett.* **8**, 585 (2006).

[156] T. Ishi-I *et al.*, *Langmuir* **21**, 1261 (2005).

[157] T. Ishi-I, K. I. Murakami, Y. Imai und S. Mataka, *J. Org. Chem.* **71**, 5752 (2006).

[158] T. J. Rutherford und F. R. Keene, *J. Chem. Soc., Dalton Trans.* 1155 (1998).

[159] J. A. Smith, J. L. Morgan, A. G. Turley, J. G. Collins und F. R. Keene, *Dalton Trans.* 3179 (2006).

[160] S. Tsuzuki, T. Uchimaru, K. Matsumura, M. Mikami und K. Tanabe, *Chem. Phys. Lett.* **319**, 547 (2000).

[161] M. O. Sinnokrot, E. F. Valeev und C. D. Sherill, *J. Am. Chem. Soc.* **124**, 10887 (2002).

[162] T. N. Wassermann, P. Zielke, J. J. Lee, C. Cézard und M. A. Suhm, *J. Phys. Chem. A* **111**, 7437 (2007).

[163] J. J. Lee, Diplomarbeit, Universität Karlsruhe (TH), 2008.

[164] T. Lotta, J. Murto, M. Räsänen und A. Aspiala, *Chem. Phys.* **86**, 105 (1984).

[165] S. Jamelo, N. Maiti, V. Anderson, P. R. Carey und R. Fausto, *J. Phys. Chem. A* **109**, 2069 (2005).

[166] S. Coussan, M. E. Alikhani, J. P. Perchard und W. Q. Zheng, *J. Phys. Chem. A* **104**, 5475 (2000).

[167] C. Emmeluth, V. Dyczmons, T. Kinzel, P. Botschwina, M. A. Suhm und M. Yánez, *Phys. Chem. Chem. Phys.* **7**, 991 (2005).

[168] MOLPRO, version 2006.1, a package of ab initio programs, H.-J. Werner, P. J. Knowles, R. Lindh, F. R. Manby, M. Schuetz, P. Celani, T. Korona, G. Rauhut, R. D. Amos, A. Bernhardsson, A. Berning, D. L. Cooper, M. J. O. Deegan, A. J. Dobbyn, F. Eckert, C. Hampel, G. Hetzer, A. W. Lloyd, S. J. McNicholas, W. Meyer, M. E. Mura, A. Nicklass, P. Palmier, R. Pitzer, U. Schumann, H. Stoll, A. J. Stone, R. Tarroni, T. Thorsteinsson; Homepage: http://www.molpro.net.

[169] H.-J. Werner und K. Pflüger, *Ann. Rep. Comput. Chem.* **2**, 53 (2006).

[170] B. T. Psciuk, V. A. Benderskii und H. B. Schlegel, *Theor. Chem. Acc.* **118**, 75 (2007).

[171] G. E. Scuseria und T. J. Lee, *J. Chem. Phys.* **93**, 5851 (1990).

[172] X. Li und J. Paldus, *J. Chem. Phys.* **110**, 2844 (1999).

[173] J. M. L. Martin, T. J. Lee, G. E. Scuseria und P. R. Taylor, *J. Chem. Phys.* **97**, 6549 (1992).

[174] F. Haase und R. Ahlrichs, *J. Comput. Chem.* **14**, 907 (1993).

[175] F. Weigend, A. Köhn und C. Hättig, *J. Chem. Phys.* **116**, 3175 (2002).

[176] C. Hättig, *Phys. Chem. Chem. Phys.* **7**, 59 (2004).

[177] C. Hättig, Unveröffentlichte Ergebnisse.

[178] F. Weigend, M. Häser, H. Patzelt und R. Ahlrichs, *Chem. Phys. Lett.* **294**, 143 (1998).

[179] A. D. Becke, *J. Chem. Phys.* **98**, 5648 (1993).

[180] C. Lee, W. Yang und R. G. Parr, *Phys. Rev. B* **37**, 785 (1988).

[181] P. J. Stephens, F. J. Devlin, C. F. Chabalowski und M. J. Frisch, *J. Phys. Chem.* **98**, 11623 (1994).

[182] S. H. Vosko, L. Wilk und M. Nusair, *Can. J. Phys.* **58**, 1200 (1980).

[183] J. P. Perdew, K. Burke und M. Ernzerhof, *Phys. Rev. Lett.* **77**, 3865 (1996).

[184] J. P. Perdew, J. A. Chevary, S. H. Vosko, K. A. Jackson, M. R. Pederson, D. J. Singh und C. Fiolhais, *Phys. Rev. B* **46**, 6671 (1992).

[185] J. P. Perdew, J. A. Chevary, S. H. Vosko, K. A. Jackson, M. R. Pederson, D. J. Singh und C. Fiolhais, *Phys. Rev. B* **48**, 4978 (1993).

[186] M. Häser und R. Ahlrichs, *J. Comput. Chem.* **10**, 104 (1989).

[187] R. Ahlrichs, *Phys. Chem. Chem. Phys.* **6**, 5119 (2004).

[188] F. Weigend, *Phys. Chem. Chem. Phys.* **4**, 4285 (2002).

[189] M. von Arnim und R. Ahlrichs, *J. Chem. Phys.* **111**, 9183 (1999).

[190] H. B. Jansen und P. Ros, *Chem. Phys. Lett.* **3**, 140 (1969).

[191] S. F. Boys und F. Bernardi, *Mol. Phys.* **19**, 553 (1970).

[192] F. B. van Duijneveldt, J. G. C. M. van Duijneveldt-van de Rijdt und J. H. van Lenthe, *Chem. Rev.* **94**, 1873 (1994).

[193] P. Salvador und M. M. Szczesniak, *J. Chem. Phys.* **118**, 537 (2003).

[194] B. H. Wells und S. Wilson, *Chem. Phys. Lett.* **101**, 429 (1983).

[195] P. Valiron und I. Mayer, *Chem. Phys. Lett.* **275**, 46 (1997).